SHENGWU JISHU YUMI DE YINGYONG YU ZHISHI CHANQUAN FENXI

生物技术玉米的应用
与知识产权分析

唐巧玲 主编

中国农业科学技术出版社

图书在版编目（CIP）数据

生物技术玉米的应用与知识产权分析/唐巧玲主编. ‒‒北京：
中国农业科学技术出版社，2023.1
ISBN 978‒7‒5116‒6274‒3

Ⅰ.①生… Ⅱ.①唐… Ⅲ.①生物工程‒应用‒玉米‒栽培技术
②生物工程‒知识产权保护‒研究‒中国 Ⅳ.①S513②D923.404

中国国家版本馆CIP数据核字（2023）第081554号

责任编辑　白姗姗
责任校对　李向荣
责任印制　姜义伟　王思文

出 版 者　中国农业科学技术出版社
　　　　　北京市中关村南大街12号　邮编：100081
电　　话　（010）82106638（编辑室）　　（010）82109704（发行部）
　　　　　（010）82109709（读者服务部）
网　　址　https://castp.caas.cn
经 销 者　各地新华书店
印 刷 者　北京建宏印刷有限公司
开　　本　170 mm×240 mm　1/16
印　　张　7.5
字　　数　125千字
版　　次　2023年1月第1版　2023年1月第1次印刷
定　　价　51.00元

　　我国是一个超过 14 亿人口的大国，粮食安全关乎国家安全。党的十八大以来，习近平总书记多次强调，"中国人的饭碗任何时候都要牢牢端在自己手上。我们的饭碗应该主要装中国粮""要下决心把民族种业搞上去，抓紧培育具有自主知识产权的优良品种，从源头上保障国家粮食安全"。2015—2022 年，我国粮食总产量连续 8 年稳定在 1.3 万亿斤（1 斤 =500 克）以上，实现谷物基本自给、口粮绝对安全。但是，我国粮食进口量常年居高不下，2021 年粮食进口量突破 1.6 亿吨，对外依存度超过19%。在耕地资源刚性约束的基本国情下，单纯依靠常规技术难以确保粮食基本自给，需要科技创新为农业发展注入新动力，大力培育优良品种才能确保粮食安全。

　　自转基因技术诞生以来，已被广泛应用于农业、医药、工业、环保、能源、新材料等领域。转基因技术在农业育种中的应用，可以实现优良基因的跨物种利用，解决了制约育种技术进一步发展的难题。转基因产品在全球广泛应用，在缓解资源约束、保障食物安全、保护生态环境、拓展农业功能等方面已显现出巨大潜力，在现代农业发展中发挥着先导和引领作用。可以说，转基因技术是现代生命科学发展产生的突破性成果，是推动现代农业发展的颠覆性技术。

　　生物技术领域的前沿科技不断发展，催生新的产业、新的业态。近年来诞生的基因编辑是最具应用前景的生物育种技术，被 Science 评为 2012年、2013 年、2015 年和 2017 年十大科学进展之一。基因编辑等现代生物技术快速实现特定性状的精准改良与多个优良性状的聚合，与现代信息技术融合，在开启农作物育种精准化、智能化、高效化和规模化的新时代，在抗病虫害、品质提升、抗逆、增产等方面发挥巨大作用。目前，农业基因编辑产品正在加速产业化，全球陆续推出了糯玉米、高油酸大豆、抗病油菜、抗蓝耳病猪等 70 多种基因编辑产品，基因编辑产业也成为社会资本风险投资焦点。2022 年 1 月 24 日，农业农村部印发了《农业用基因编辑植物安全评价指南（试行）》，对促进基因编辑植物的研发和应用提供了有力的政策支持。

本书以生物技术在玉米中的应用为切入点，简要地介绍了基因编辑、合成生物、智能设计育种等前沿生物技术的发展，较为详细地归纳整理了转基因技术在玉米中的应用情况，着重介绍了基因编辑技术的发展历程及在玉米中的研发、应用和发展趋势，以及相关的知识产权分析。本书还简要地介绍了全球主要国家对基因编辑技术及产品的监管政策。写作本书的初衷是与公众分享先进生物技术和生物技术玉米育种产业的发展状况。当然，由于编写人员的经验有限，难免存在错误和不足之处，敬请广大读者批评指正。

编　者

目　录

第一章 先进的生物技术概述

科技的重大突破都会引发生产力和生产方式的深刻变革，推动产业的跨越发展，农业的快速发展与先进的科研技术在农业领域的应用密不可分。18世纪第一次工业革命催生和促进了农业机械化的发展，极大地提高了农业劳动生产率。19世纪中后期，化肥和农药等农用化学品被大量使用，化学农业或石油农业的兴起极大地提高了作物产量。20世纪以来，随着遗传理论的突破，以矮秆、杂种优势利用为代表的作物育种技术掀起了一场绿色革命，粮食大幅度增产。目前，以转基因技术、基因编辑技术等为代表的现代农业生物技术快速发展，正在孕育着新一轮农业产业绿色革命。

一、转基因技术

转基因技术是将人工分离和修饰过的基因导入目标生物基因组中，使目标生物表现出特定性状的技术。与其他基因操作技术相比，转基因技术的最大优势是能够打破物种界限，实现基因的跨物种转移，从而解决常规方法不能解决的重大生产问题。近20多年来，从基因发掘、遗传转化、新材料创制与新品种培育，到转基因检测与安全性评价，转基因技术研发和产业化得到蓬勃发展。

1. 转基因生物产业规模不断扩大

转基因技术在过去的20多年中得到快速发展，成为全球应用最为迅速的作物技术。转基因作物的商业化种植始于 1996 年，转基因育种发展期间经历了早期探索、快速推广、成熟发展 3 个阶段。1996—2013 年转基因作物种植面积从 170 万公顷攀升至 1.904 亿公顷，年复合增长率 22.8%，2013—2021 年转基因作物种植面积趋于稳定，年复合增长率为 1.3%。

根据国际农业生物技术应用服务组织（ISAAA）的报告，截至 2019 年，全球共有美国、巴西、阿根廷、加拿大等 29 个国家 / 地区种植了转基因作物，种植面积排名前五的国家分别是美国、巴西、阿根廷、加拿大和印度，他们转基因种植面积之和占全球转基因总种植面积的 91%（全球转基因农作物种植面积，约 1.904 亿公顷）。其中，美国种植面积为 7 150 万公顷（37.55%）；巴西种植面积为 5 280 万公顷（27.73%）；阿根廷种植面积为 2 400 万公顷（12.61%）；加拿大种植面积为 1 250 万公顷（6.57%）；印度种植面积为 1 190 万公顷（6.25%）。从全球主要作物的转基因应用率来看，2019 年，大豆的转基因应用率达到了 78%，棉花的转基因应用率为 76%，玉米的转基因应用率为 30%，油菜的转基因应用率为 29%（图 1–1）。此外，还有欧盟、日本、韩国等 42 个国家和地区（16 个国家 / 地区加上 26 个欧盟国家）进口转基因产品，覆盖了全球 60% 的人口。1996—2018 年，转基因技术累计提高全球农作物生产力达 8.22 亿吨，相当于节省了 2.31 亿公顷的土地。

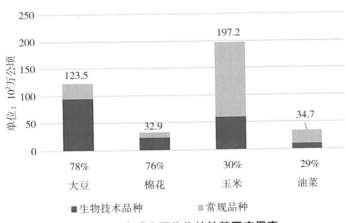

图 1–1　全球主要作物的转基因应用率

2. 转基因作物产品多样化

目前，实现商业化的转基因植物已有 23 种，包括大豆、玉米、油菜、马铃薯、棉花、亚麻*、甜菜、甘蔗 8 种经济作物，苜蓿等 2 种饲用植物，西葫芦、茄子等 3 种蔬菜，番木瓜、苹果、菠萝等 5 种水果，杨树、桉树 2 种经济树木，康乃馨、菊苣、玫瑰 3 种花卉。此外，还有多种转基因作物正在研究和试验中，涉及水稻、香蕉、马铃薯、小麦、鹰嘴豆、木豆和芥菜等作物，包括对食品生产者和消费者有益的各种经济及营养品质性状。

耐除草剂、抗虫是第一代商业化转基因作物的主要性状。在耐除草剂方面，各大公司均开发出属于自己的抗性基因，并培育相应的主打品种。2015 年，孟山都公司与巴斯夫合作开发出耐麦草畏基因 *dmo*；2016 年，原拜耳公司与先正达公司合作开发的耐 HPPD 类除草剂基因；2018 年原陶氏益农开发的耐 2,4–D 类除草剂基因。目前，各公司通过相互许可培育多基因叠加的作物品种的方式，以延缓抗药性杂草的产生，延长耐除草剂基因的有效周期。在抗虫方面，防治鳞翅目害虫是目前应用的转基因品种主要特性。自 1997 年原孟山都公司上市 MON810 产品之后，第一代抗虫产品的生命周期超过 10 年。原孟山都和先正达公司在 2007 年和 2014 年分别推出相应的第二代抗鳞翅目害虫产品 MON89034 和 MIR162。第三代抗鳞翅目害虫以各公司前两代产品性状叠加为主，该策略能充分延长基因的有效期，为第四代抗鳞翅目基因的研发争取更多时间。近年来，各公司通过将自身的地上和地下害虫产品线叠加，并辅助相互间的交叉许可，产生更加丰富的产品组合，如原孟山都公司的 Genuity 系列、先正达的 Agrisure 系列、原陶氏益农的 Herculex 系列以及杜邦先锋的 Optimum 系列等均以叠加性状为主。开发不同组合以适应不同地区的差异化需求和不

---

* 亚麻曾被美国和加拿大批准种植，并出口到欧洲，后来因欧洲反对，停止种植一段时间，近年可能有小面积种植。

断扩大的新兴市场，是转基因产业向不断成熟方向发展的标志。

随着第一代转基因产品的产业化不断扩大，转基因作物目标性状开始向第二代转基因作物产品发展，即从单一的抗虫、耐除草剂向耐旱、养分高效利用、营养品质改良等方向拓展。2011年，美国批准转基因耐旱玉米商业化种植。2015年美国新批准了品质改良的转基因马铃薯、抗褐变转基因苹果产业化。

3. 转基因技术向安全高效规模化方向发展

安全、高效、规模化是转基因技术发展的目标。一是加强安全转基因技术研发，特别是无选择标记技术，Ac/Ds系统和特异位点重组系统等筛选标记去除技术，"母系遗传法""雄性不育法"和"种子不育法"等转基因安全控制技术等。二是对环境胁迫下特异表达启动子的分离和应用方面的研究进一步加强，实现在正常条件和胁迫环境下高产的目的；注重组织或发育特异性启动子分离方面的研究，对转基因进行更加精准的调控，可限制基因在特定的细胞、组织、器官或发育阶段表达。三是开发不依赖组织培养的新型转化系统，打破受体基因型限制。如杜邦先锋公司通过BBM和WUS2在玉米中同时过表达，发现可使转化顽拗型自交系如PHH5G得到转化，孟山都公司应用分子标记辅助选择方法，把HiⅡ中的5个数量性状位点（QTL）转入迪卡公司的著名母本自交系FBLL中，创制出转化能力强的自交系；将小麦发育调控基因 *GRF4* 和其互作因子GIF融合，可以提高转化愈伤的再生效率，进而显著提高小麦的遗传转化效率；利用发育调控因子Wus和STM转化获得分生组织，不经过组培过程就可以获得稳定遗传的转基因植物；通过技术创新与集成，构建高效率、规模化的转基因技术体系。

4. 我国转基因技术研发和产业化能力稳步提高

从20世纪80年代开始，我国逐步开展转基因技术的研究。1999年，我国启动实施了"国家转基因植物研究与产业化专项"，重点支持水稻、玉米、棉花、大豆等主要农作物的转基因研究与产业化。2008年，我国启动了"转基因生物新品种培育重大专项"，以转基因新品种培育及产业化为核心，突破基因克隆、转基因操作和生物安全关键技术，积极稳妥地推进转基因生物研发及产业化。自"转基因生物新品种培育重大专项"实施以来，通过联合攻关，形成了"自主基因、自主技术、自主品种"的发展格局，建成了涵盖基因克隆、遗传转化、品种培育、安全评价等全链条的研发与产业化设施平台，形成了独立完整的转基因育种研发体系。

2008—2020年，我国已克隆一大批不同来源功能基因及调控元件，其中包括上百个具有重大育种价值新基因，获得发明专利数量位居全球第二位。抗病虫、耐除草剂、优质、高产、资源高效利用等功能基因已应用于生物工程育种。构建主要农作物规模化转基因技术体系，攻克了优良品种遗传转化技术瓶颈，主要农作物遗传转化效率大幅度提高，粳稻转化效率从20%提高到90%，籼稻、小麦和大豆转化效率从1%分别提高到30%、30%和10%，棉花转化效率从4%提高到30%，八大生物遗传转化效率完全能满足规模化转基因育种的需求。

2008年以来，育成新型转基因抗虫棉新品种207个，累计推广5.3亿亩（1亩≈667平方米，1公顷=15亩），减少农药使用65万吨，增收节支650亿元。研发的抗虫棉全面实现产业化，国产抗虫棉市场份额占99%以上，在吉尔吉斯斯坦等中亚国家得到推广种植；培育的抗虫耐除草剂玉米和耐除草剂大豆通过了全国农技推广中心新品种区试，具备产业化条件。创制出一批具有重要应用前景的抗虫、耐除草剂、耐旱节水和营养功能型的棉花、玉米、大豆、水稻、小麦等转基因新品系，其中抗虫水稻、抗虫玉米、耐除草剂大豆、耐旱节水小麦、高抗性淀粉水稻、人血清白蛋白水稻等转基因植物新品系，具备与国外同类产品抗衡和竞争能力。抗虫水稻华恢1号及其衍生品种的大米及米制品获美国上市许可。研发的耐除草剂大豆获准在阿根廷商业化种植，获得国内进口用作加工原料生产应用安全证书。2018 年，北京大北农生物技术有限公司向美国环境保护署（EPA）和美国食品药品监督管理局（FDA）提交抗虫耐除草剂转基因玉米 DBN9936 的安全评价申请，2018 年 1 月获得 EPA 的豁免确认，2021 年 7 月获得 FDA 正式签发的食用安全评价意见，我国的转基因作物安全评价达到国际水平，对我国转基因作物产业化推进起到积极作用。

2022 年，《国家级转基因大豆品种审定标准（试行）》《国家级转基因玉米品种审定标准（试行）》印发，我国生物育种产业化应用迈出重要一步。截至 2023 年初，共有 13 个玉米、4 个大豆转基因项目获得农业转基因生物安全证书（生产应用）。

二、基因编辑技术

基因编辑技术是在基因组水平上对靶标基因进行定向、准确修饰的一项颠覆性新技术，具有操作简单、可同时进行多基因和多位点编辑等优点，已经在动物、植物和微生物基因组改造中得到了广泛的应用，并对生命科学和医学领域带来重要影响。基因编辑技术被 *Science* 评为 2012 年、2013 年、2015 年和 2017 年十大科学进展之一。2018 年，美国国家科学院发布《至 2030 年推动食品与农业研究的科学突破》报告中，将其列为未来十年将极大提高美国食品与农业研究能力的 5 项技术之一。

1. 核心工具——基因编辑核酸酶不断创新

基因编辑技术需要通过利用核酸内切酶等工具对生物体基因组 DNA、RNA 的特定核酸序列进行改造，因此基因编辑核酸酶是基因编辑技术的核心。随着技术的不断革新，基因编辑核酸酶已经过了 3 代发展。第一代基因编辑技术以锌指核酸酶（ZFN）技术为代表。由于其识别的 DNA 序列少，突变效率低，设计和筛选难度大，制约了技术的推广利用。第二代基因编辑技术以转录激活因子样效应物核酸酶（TALEN）为代表，编辑效率和可操作性都得到了提高，在多个物种中得到了成功应用。第三代基因组编辑技术是目前广泛应用的 CRISPR/Cas 技术。与前两代技术相比，具有设计更简便、编辑效率更高、成本低、周期短等特点，可以实现动植物的快速定向育种。目前，CRISPR/Cas9 和 CRISPR/Cas12a（Cpf1）是最有应用前景的基因编辑系统。这两套基因编辑系统中的知识产权归属主要以欧美科研机构及企业为主，包括加州大学伯克利分校、博德研究所、哈佛大学、Arbor Biotechnologies、Metagenomi、Mammoth Biosciences、荷兰瓦格宁根大学等。

近年来，我国在基因编辑核酸酶的挖掘领域取得重大突破，打破了国际专利垄断局面。中国农业大学和山东舜丰生物、齐禾生科和中国科学院遗传与发育生物学研究所在新型基因编辑 Cas 蛋白的挖掘及开发中均取得独立成果。中国农业大学赖锦盛团队从微生物宏基因组中发掘了一系列底盘核酸酶，其中 Cas12i 和 Cas12j 相继获得中国、日本等发明专利授权，同时已向美国、欧盟等 12 个国家或地区提交专利申请，并在水稻、玉米、大豆、拟南芥和猪等农业动植物中完成了基因编辑靶向剪切活性的验证。2022 年 8 月，通过山东舜丰生物公司把 Cas12i 许可给美国农业基因编辑的代表性企业 Inari Agriculure 公司。朱健康团队挖掘了 4 个新的 Cas-sf 系列基因编辑工具，初步验证了编辑活性，其中 Cas-sf05 和 Cas-sf40 已获得国内发明专利授权。高彩霞团队领衔挖掘设计出突破现有 CRISPR/Cas 系统的编辑工具 CyDENT 雏形，有望建立全新的基因编辑体系。

2. 基因编辑技术向着精准化、高效化方向发展

第一代 CRISPR 技术始于 2012 年，以 CRISPR / Cas9 为代表的基因编辑系统可以在基因组特定位置引发 DNA 双链断裂，从而获得基因功能缺失的突变体。尽管第一代 CRISPR 技术被快速应用于生命研究的多个领域，但其编辑存在一定的随机性，最终产生的突变类型不可控，难以实现对作物农艺性状的精准改良。

第二代 CRISPR 技术始于 2016 年，使得基因编辑技术更加精准、高效，已成功应用在水稻、小麦、玉米、大豆、油菜、棉花、番茄、苜蓿、烟草、柑橙等多种植物的育种过程，极大地缩短了育种周期。突出特点如下。

一是实现了对单个碱基进行定向编辑。从最初的基因片段的缺失发展到现在的单个基因的精准替换或插入，基因编辑技术的精准性得到大幅提升。2019 年以来开发的全新引导编辑技术，更是可以实现 4 种碱基的任意替换和短片段 DNA 的精准插入或删除，实现了基因编辑技术的又一次跨越，基因编辑的"剪刀"变得更加锋利。单碱基编辑和引导编辑均由哈佛大学刘如谦教授实验室开发，并获得相应的知识产权，这些科研成果已经被 Beam Therapeutics、Prime Medicine、Pairwise Plants 等多家国际企业应用。在国内，齐禾生科和中国科学院遗传与发育生物学研究所已共同开发并申请了多项独立自主可控的新型精准碱基编辑和引导编辑工具，并获得了专利许可，在此领域快速追赶国际先进水平。

二是编辑方式由单基因向多基因转变。利用 CRISPR/Cas 系统和多顺反子 tRNA 自剪切体系，科学家们开发了一种高效、通用的多基因编辑技术，并在小麦中实现 15 个基因组位点同时编辑，为农作物育种中一代聚合多个优异等位提供了技术支撑，对于改良多基因控制的数量性状提供了可能。

当前，全球基因编辑技术更多仍集中在对基因的敲除和少量碱基水平的编辑，如何能够实现高效的大片段 DNA 甚至染色体层面的操纵技术是基因组编辑领域研究的难题，而这一技术难题恰恰在基因治疗和农业育种中具有极其重要的意义。因此，第三代基因编辑技术的发展正在向大片段基因定点插入技术加速迈进，从而实现精准、高效、可靶向的大片段基因插入工具。

3. 产品向多元化聚合化发展

基因编辑的物种范围已拓展到了 40 多种动植物，研发出了高油酸大豆、富含 γ-氨基丁酸番茄、抗蓝耳病猪等 150 多种基因编辑产品，主要集中于品质改良、高产和抗逆等少数性状。随着性状的分子形成机制和基因调控网络的精准解析，可编辑的靶基因和性状种类将会逐渐增多，通过基因编辑与分子设计育种等多技术的交叉聚合，培育出高产优质抗逆等综合性状优良的种质资源，解决高产优质负相关、数量性状如抗病改良难等农业育种难题。

表 1-1 基因编辑技术在国内外农作物改良中的应用

编辑类型	作物	靶基因	性状 / 种质
基因敲除	水稻	*LAZY*	增大水稻分蘗夹角
	水稻	*Waxy*	降低直链淀粉含量，培育糯米稻
	水稻	*Gn1a*、*DEP1*、*GS3*、*IPA1*	提高水稻产量
	水稻	*SBEIIb*	提高水稻抗性淀粉含量
	水稻	*Pi21*	提高水稻稻瘟病抗性
	水稻	*SWEET-11 和 13*、*SWEET-14* 启动子区域	提高水稻白叶枯病抗性
	水稻	*Ehd1*	培育可在低纬度地区种植的粳稻
	小麦	*MLO*	提高小麦白粉病抗性
	小麦	*SBEIIa*	提高小麦抗性淀粉含量
	小麦	*ARE1*	提高小麦氮素利用效率和高产
	玉米	*BADH2-1/BADH2-2*	提高玉米香味
	玉米	*Waxy*	创制高产糯玉米品种
基因敲除	玉米	*Waxy*、*SH2*	创制超甜、糯与超甜糯复合型鲜食玉米
	大豆	*GmFT2a*、*GmFT5a*	创制出更适合低纬度地区种植的大豆新种质
	蘑菇	*PPO*	提高蘑菇抗褐变性

续表

编辑类型	作物	靶基因	性状 / 种质
单碱基编辑	水稻	*ALS*、*ACC*	提高水稻除草剂抗性
	水稻	*Pi-d2*	提高水稻稻瘟病抗性
	小麦	*ACC*、*ALS*	提高小麦除草剂抗性
	玉米	*ALS*	提高玉米除草剂抗性
	马铃薯	*ALS*	提高马铃薯除草剂抗性
	番茄	*ALS*	提高番茄除草剂抗性
	西瓜	*ALS*	提高西瓜除草剂抗性
	水稻	*TubA2*	提高水稻除草剂抗性
引导编辑	水稻	*ALS*	提高水稻除草剂抗性
	水稻	*EPSPS*	提高水稻除草剂抗性
	玉米	*ALS1*	提高玉米除草剂抗性
定点替换及插入	水稻	*ALS*	提高水稻除草剂抗性
	水稻	*NRT1.1B*	提高水稻氮素利用效率
	玉米	*ALS1*	提高玉米除草剂抗性
	玉米	*ARGOS8* 启动子	提高玉米耐旱性
	番茄	*ALS1*	提高番茄除草剂抗性

4. 管理政策向宽松化发展

随着基因编辑的农作物产品越来越多，各国相继出台了对基因编辑产品的监管策略。美国农业部认定"基于基因组编辑农作物与其他传统育种方法培育的产品实质等同，遗传物质的删除、单碱基的替换，以及亲缘关系相近的物种之间遗传物质的渗入均不在传统法案监管范围内"。2016 年，阿根廷认可基因组编辑农产品是非转基因。2017 年 12 月，巴西宣布基因组编辑农产品不受转基因法规监管。2019 年 3 月，日本宣布允许基因组编辑农产品上市。2019 年 5 月，澳大利亚宣称他们不再监管没有引进新的遗传物质的基因组编辑产品。

与此相反，2018 年 7 月 25 日，位于卢森堡的欧盟法院作出一项裁决：由基因编辑技术获得的生物品种，将被作为转基因生物，纳入欧盟严格的转基因监管框架中。但是，此项裁决在欧洲引起了巨大争议。

2022 年 1 月，我国发布《农业用基因编辑植物安全评价指南（试行）》，简化了基因编辑植物生产应用的审批流程，但目前为止我国还未有基因编辑农作物产品问世。

5. 基因编辑产品产业化正有序推进

基于基因编辑技术优势和应用前景，全球 30 多家基因编辑初创企业正加大投资力度，加强基础研究和加快构建产业生态。基因编辑育种初创公司更受青睐，原创技术和创新性产品是投资焦点，融资规模和金额不断攀升。2021 年的融资额增加到了 47.2 亿元，市场规模已达到 282 亿美元，预计到 2031 年将会达到 442 亿美元。最近单笔融资金额都超过百万美元规模，Benson Hill、22nd Century Group、PlantArcBio、Yield10 Bioscience、Calyxt 等公司都已上市（图 1-2）。

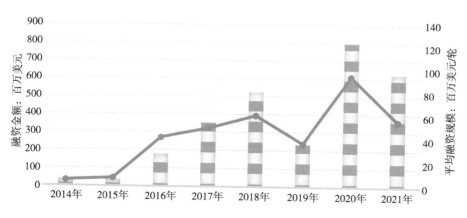

图 1-2　国际基因编辑行业融资趋势图

三、全基因组选择技术

全基因组选择技术是通过农业生物的基因型来预测其表型的育种技术，主要利用覆盖全基因组的高密度标记进行选择育种。全基因组选择技术给动植物育种带来革命性变化，成为当前国际上农业生物育种领域的一项关键共性技术，是国际动植物育种领域的研究热点和跨国公司竞争的焦点。

1. 全基因组选择技术特点

全基因组选择主要是根据育种群体全基因组上的分子标记基因型和表型之间的关联构建模型，计算表型未知的育种群体个体的基因组估计育种值（Genomic Estimated Breeding Value，GEBV），做出合理的预测和选择。

全基因组选择技术可通过早期选择缩短世代间隔，提高育种值估计准确性等加快遗传进展，尤其对低遗传力、难测定的复杂性状具有较好的预测效果，真正实现基因组技术指导育种实践。全基因组选择技术具有诸多方面的优势：一是缩短育种周期，实现待选群体的低世代选留；二是提高育种值估计准确性；三是降低育种成本，减少表型鉴定的数量；四是预测亲本杂交后代，选择最佳杂交优势组合。

2. 全基因组选择技术的应用

全基因组选择技术最初主要在奶牛的育种中得到应用。2001 年荷兰科学家 Meuwissen 首次提出全基因组选择概念，预见在整个基因组中海量遗传标记可用于准确预测个体的遗传优势。由于奶牛个体育种价值大，群体组织好，数据记录完善，而且传统的奶牛育种完全依赖于后裔测定对种公牛进行遗传评估，世代间隔较长，达 53 ～ 70 个月。全基因组选择概念一经提出，世界上的主要几个奶业发达国家，包括新西兰（2008 年）、美国

（2009 年）、加拿大（2009 年）、德国（2009 年）、澳大利亚（2011 年）、意大利和瑞士（2011 年），迅速将其应用于奶牛育种实践并实现产业化，采用全基因组选择准确预测青年公牛种用价值，使世代间隔缩短为 21 个月。2009 年，美国和加拿大率先向全球发布了奶牛全基因组选择成果。截至 2017 年，美国采用基因组芯片，对主要奶牛品种累计检测 200 万头。从 2010 年起，英国 PIC 猪育种公司每年育种群芯片检测已达 10 万头。随后全基因组选择技术在猪、牛、羊、鸡等育种成本比较高的畜禽中得到广泛应用，支持了系列猪、牛、羊、鸡等新品种出现。

近年来，随着测序及基因芯片技术的发展，作物基因型鉴定的成本也越来越低，全基因组选择技术在玉米、小麦等作物育种中也逐渐得到应用，大幅提高了育种效率。美国是该技术的领跑者，德国、法国等国家的相关研究也较为领先。拜耳公司（孟山都）、科迪华公司（陶氏杜邦）等国际种业巨头已在玉米等作物上实现相关技术的规模化应用，如结合高效表型技术和作物生长模型对玉米杂交种进行工业级的评估结果表明，利用全基因组选择技术选育出的玉米品种能够显著提升在缺水条件下的稳产特性。杜邦先锋、先正达公司利用全基因组选择技术培育了玉米耐旱品种 AQUAmax 和 Artesian，在北美玉米市场获得较好的市场份额。

3. 全基因组选择技术发展趋势

畜禽育种方面，最新应用于育种实践的研发成果是基因组评估中的"Imputation"技术（填充技术），可以对猪的 400 个 SNP 分型填充至 6 万个 SNP，从而使高密度基因组评估的成本从 100 美元下降至 15 美元，这使得基因组选择真正成了可大量应用于畜禽育种实践的实用技术。由全基因组选择技术所培育的耐旱玉米等曾在北美获得了巨大成功。因此，国际育种公司如先锋（现 Corteva Agriscience）、拜尔 – 孟山都已广泛采用全基因组选择技术进行育种实践。

　　我国已经开始将基因组选择技术应用于奶牛、肉牛、猪、鸡等主要经济畜禽育种工作中，并且获得了良好的遗传进展，目前已经实现了猪、鸡国产化芯片的推广与应用。近年来，我国也初步建立农作物全基因组选择技术体系，创新了国际主流的全基因组选择建模技术，并在主要动植物育种研究中发展了全基因组选择的应用方案和技术路线。

　　未来，农作物全基因组选择技术必将融入信息技术与机器学习等方法，推动育种向着数字化、智能化方向发展。在当前大数据时代背景下，数据的产生已经不受很多因素限制。全基因组选择与大数据、人工智能等学科交叉融合的智能育种方式将引领未来育种发展新时代，是未来种业核心价值和竞争力的最优体现。国际上正在尝试在全基因组选择模型内加入其他多维组学数据，并利用人工智能模型准确预测相关遗传位点，为作物精准设计提供靶位点。整合数据信息存储管理、可视化、共享是实现智能高效遗传研究和育种决策的基础。针对未来作物生长发育的基本规律和功能基因组学、染色体结构的认知和表观遗传学调控及编辑、作物和相关生物的互助与拮抗、作物表型组学和遗传转化体系的建立以及作物大数据算法、数据挖掘、分析管理技术，高效率基因组编辑技术和合成生物学等领域的基础性研究已经成为各国抢占的制高点。

四、合成生物技术

　　合成生物学是在系统生物学基础上，融汇工程科学原理，采用自下而上的策略，重编改造天然的或设计合成新的生物体系，以揭示生命规律和构筑新一代生物工程体系的"汇聚"型新兴学科，是推动人类实现从"认识生命"到"设计生命"伟大跨越的重要技术路径。当前，合成生物学已成为世界强国博弈的制高点，主要发达国家均进行了系统研究和部署。

1. 合成生物技术是未来发展的重要方向

自 2000 年《自然》杂志报道了人工合成基因线路研究成果以来，国际上的合成生物学研究发展飞速。目前世界各国积极开展农业合成生物技术原理与创新产品研究，将农业合成生物技术未来市场的发展及其对全球经济带来的影响提升到了战略高度。2014 年美国国防部发布《国防部科技重点》报告，将合成生物学列为六大颠覆性基础研究领域之一。美国国防高级研究计划局启动了《生命铸造厂计划》，旨在利用合成生物学对自然生物操纵来获取原创性新材料、新器件、新系统和新平台。近年来，美国国立卫生研究院、国家科学基金会和能源部等也积极部署医药健康、能源环境、材料化工等领域合成生物学的规划和研究，连续 3 年发布了工程生物学、微生物组工程、工程生物学与材料科学等相关领域路线图，从多维路径推动美国合成生物学的发展。

科学家利用合成生物技术在大肠杆菌从头设计出 11 步反应，即从二氧化碳固定到人工合成淀粉新途径。一批原来不能生物合成或生物合成效率很低的化学品，已经实现生物合成。化学品 1,3- 丙二醇、1,4- 丁二醇、3- 羟基丙酸的生物制造新路线已经在美国实现产业化，异丁醇、异戊二烯、己二酸等多种石油化学品的可再生路线也即将实现。结合多酶分子机器和微区化技术，生物制氢、纤维素转化淀粉等领域也取得了突破。在药物化合物方面，大量复杂药物的关键中间代谢物及其结构类似物可以采用人工细胞进行合成。美国将来自细菌、酵母及植物（青蒿）等多种酶基因，在大肠杆菌和酵母中进行组装、集成和微调，设计构建并实现了青蒿酸的人工细胞合成，从而使青蒿素的生产成本显著降低，已经可以以 100 立方米工业发酵罐替代 5 万亩的农业种植，这是合成生物学的重大应用技术典范。此外，人工生物合成紫杉烯等植物源药物，以及玫瑰花香精、咖啡因、香料、色素等植物源化学品，已经开始颠覆传统种植提取的生产模式。

2. 合成生物技术的应用

合成生物学被广泛应用于各种产业，全球已初步建立起合成生物学产业格局，并在农业领域表现出较大发展潜力，逐步形成了底盘技术、平台工具服务和应用产品导向型公司三大发展格局。在农业领域，合成生物学的应用潜力逐渐凸显，表现在提高农业生产力、改良农作物及畜禽品质、降低生产成本、减少化肥农药施用等方面，有助于实现农业的可持续发展。发展较快的领域如下。

人工细胞合成：自 2010 年开始，科研界陆续实现了首个人工细胞、真核细胞染色体、酵母基因组、非天然碱基、酵母单染色体和功能性定制细胞器等的生物合成。

细胞工厂：异源合成人类所需的各种植物 / 动物天然产物和表达平台。如利用工程细胞工厂从头合成生物活性异黄酮、萜类化合物、抗菌肽、乳蛋白和植物蛋白肉等。

农作物和畜禽动物改良：微生物群组功能研究、代谢通路重塑、遗传性状改良和畜禽疾病诊疗。如利用合成微生物群落协同促进植物生长，利用原核系统生产代谢物和 CRISPR/Cas9 进行作物改良，畜禽重大疾病生物疫苗及基因开关控制植入细胞治疗等。

生物固氮：减少氮肥使用，提供经济、环保和高效的氮素供应方式。如利用电 / 光催化合成氨可直接在土壤中运行并提供作物生长所需的氮源。

3. 合成生物技术的发展趋势

合成生物育种发展进入了新的快速发展阶段，从单一基因元器件的设计，迅速拓展到对多种复杂性状的元器件和模块进行整合，通过深度挖掘高效功能元件，重构代谢网络，优化元件与底盘的适配性，并对代谢网络流量进行精细调控，从而构建基于人工基因线路的定制化品种，来实现主要作物高产优质、营养健康、资源节约、环境响应的大规模生产及应用，推动育种模式向新一代定向合成生物育种转变，更加精准地调控农艺性状，开创按照需求设计和创制智能生物品种的新时代。

基于深度学习的 AI 算法快速发展，其在海量数据的持续学习和对未知空间的智能探索方面的突出能力有效契合了当前合成生物学工程化试错平台的需求，在复杂生物特征的高纬关联信息挖掘与生命系统的设计方面呈现出巨大潜力。以 AI 为主导的从头设计应用于合成生物学，可以有目的地设计具有特定功能的标准生物元件，代替部分需要在实验中获得有效表达和测试的环节，跨越下游实验优化的时间和成本，数以百万计的潜在有价值的蛋白质无法通过生化方式获得，现在可以直接通过设计研究，并用于生物医学和化学、工业、农业、食品、材料学、环境保护等众多领域，加速应用于合成生物学的工程化落地。

由于受限于定量标准化的元件缺乏、装置与系统的不兼容，农业合成生物学的发展仍然缓慢。尽管多种合成传感器已用于植物的内源信号通路研究，但是复杂的基因线路逻辑尚未在植物中实现。基于此，合成生物技术未来的发展趋势还包括以下几个方面：一是未来农业合成生物学的发展很大程度上取决于基础研究的突破，挖掘设计获得高性能元件、开发元件功能及强度预测方法、建立统一的标准元件库和设计平台、研发响应多种信号的生物装置，在植物中实行更复杂、更精细的合成基因线路。二是底盘技术方面，高通量自动化的 DNA 合成组装，更易操作、更精准的植物编辑方法和高效稳定的遗传转化也将加快合成生物学"设计—构建—测试—学习"的循环。三是为农业与食品、保健与药物、能源与废物处理等多方面提供解决方案，创建实用性的人工基因线路、人工生物装置、人工细胞工厂，通过改善作物根际微生物群增强植物固氮能力，减少化肥施用；改造藻类代谢途径，高效生产生物燃料、医药制品及食品添加剂；利用植物细胞工厂生产合成蛋白、牛奶及肉类；改造作物代谢通路，去除致敏蛋白，生产低敏食物（彩图 1–1）。

五、智能设计育种技术

智能设计育种技术是应用信息技术、生物技术等基本原理研究和开发用于模拟、延伸和扩展生物技术功能的理论、方法及应用系统的技术。近年来，人工智能等信息技术在基因组学、转录组、表观组、转录组等大数据分析和预测上展现出重要应用潜力。目前，通过机器学习和预测建模技术，实现了水稻、玉米等作物的表观遗传智能预测算法和模型的构建。进而，人工设计与优化基因和调控回路，高效合成新基因资源，实现了基因表达和整合位点的精准控制，以及重要育种性状与环境响应的智能调控。作物基因设计育种技术可以实现目标性状从单一性状向高产、优质、多抗、耐旱、养分高效利用等多基因设计改良的多元化方向快速拓展，通过在全基因组层面上建立机器学习预测模型，创建智能组合优良等位基因的自然变异、人工变异、数量性状位点的育种设计方案，最终实现智能、高效、定向培育新品种（彩图 1–2）。

1. 智能设计育种技术促进基础研究的发展

一是智能设计技术促进重要育种价值基因的高效挖掘。在新一代测序技术和新型基因型分型技术广泛应用之后，基因组学理论和技术取得巨大进步。在调控网络挖掘方面，随着基因组、转录组、翻译组、蛋白组、代谢组等组学大数据技术的发展，作物基因调控网络已有很多研究，目前已经解析了作物主要性状形成的分子机制、调控网络、多基因调控网络、表观遗传变异及基因与表观和环境三者间互作关系，并通过高效转化重要基因及基因调控环路，为实现智能设计育种提供了重要的理论基础。在基因挖掘方面，近年来，随着 BSR–Seq、QTL–Seq、RapMap、TACCA、

MutMap、MutMap-Gap、MutChromSeq、MutRenSeq、AgRenSeq 等多种基因精细作图和克隆方法问世，作物基因克隆效率和速度大幅度提高，实现了高通量鉴定挖掘小麦、水稻、玉米、大豆、棉花、油料等作物的复杂农艺性状新基因，并在产量、品质和抗性等性状形成机制解析等方面取得重大进展，实现了基因的规模化鉴定。同时，各国科学家更注重对产量、品质、抗性等具有应用价值的基因挖掘及其机制的解析，如小麦赤霉病、水稻稻瘟病等抗性基因，为农作物智能设计育种提供了有益的基因资源。二是智能设计技术促进重要基因优异等位基因型的挖掘。随着三代测序技术的发展、越来越多农业生物的完整基因组及泛基因组完成组装，结合群体遗传学的发展，极大地促进了关键功能基因优异功能性自然变异和单倍型的发掘。

2. 智能设计技术促进优异基因资源精准鉴定

智能设计育种技术促进表型鉴定评价趋于规模化、精准化。如今，随着表型组学和表型鉴定平台的不断发展和完善，表型鉴定评价趋于规模化、精准化，国际上表型鉴定工作正在从田间人工测量向数字化和智能化设施辅助测量转变，以提高作物种质资源表型鉴定的规模和准确性。拜耳、杜邦先锋、先正达等跨国公司已建有多套表型鉴定设施，来实现"自助化、智能化"种质资源鉴定的目标；澳大利亚、英国、法国、德国等国也都建立了国家级的植物表型鉴定平台（温室），并结合人工智能技术、机器人技术、信息学技术等，进行高通量数据采集和分析。在小麦、玉米、大麦、水稻、大豆、豌豆、油菜等作物中，利用表型平台，实现了高通量和自动化鉴定株高、叶面积、冠层面积、光合作用效率、叶绿素含量、叶片氮含量和冠层高度等田间性状以及旱、热、盐等非生物胁迫。在表型鉴定评价基础上，基因芯片、基因组重测序等新型技术手段也逐步应用于优异种质资源和优异基因资源的解析。如 CIMMYT 和墨西哥政府启动的"种子发现计划"（SeedD：Seeds of Discovery），国际上来自 10 个国家的 95 名科学家组织发起小麦 10+ 基因组计划等的实施为种质资源基础科学问题的阐释、重要性状的新基因发掘和新种质创制提供了信息和技术支撑。组学技术的发展也促进着对种质资源进行多样性研究。如国际挑战计划（GCP）发出对食用豆类、玉米、水稻、小麦、高粱、木薯等作物的种质资源进行多样性研究的倡议并设置相关计划，为聚合育种提供优异等位基因 / 资源信息。除全基因组水平的基因型鉴定外，还有针对目标基因鉴定特定的等位基因或单倍型。例如，水稻香味基因（*badh2*）、产量调控基因 *OsDREB1C*、大豆亚麻油酸含量的脂肪酸去饱和酶基因 *FAD*、玉米产量调控基因 *KRN2*、大豆成熟期基因 *GmPhyA3* 等优异单倍型的挖掘等。近年来，随着测序成本的大幅度降低，泛基因组构建成为国际研究热点之一，特别是一些如水稻这样的基因组较小的作物利用更多的种质材料开展泛基因组研究，从而大大促进了对基因多样性的系统认知。此外，表型变异或表型可塑性除可用遗传变异来解释外，还来自环境因子驱动的转录、转录后、翻译、翻译后、表观遗传和代谢调控，同一个基因的调控在不同环境下可能有不同的表型展现。因此，有必要对不同种质资源进行不同组学水平的分析比较，开展全景组学研究，即在构建泛组学大数据（包括泛基因组、泛转录组、泛蛋白组、泛代谢组、泛表型组、泛表观组等）的基础上，应用系统生物学和人工智能技术，对种质资源进行整合分析，阐明基因与基因、基因与环境的互作关系，构建重要性状遗传调控网络，为基因组选择和基因编辑等提供有价值的信息。

3. 智能设计技术与前沿生物技术发生深度融合

基因组学的发展促进前沿育种技术向安全高效规模化方向发展。在转基因技术上，如无选择标记技术，Ac/Ds 系统和特异位点重组系统等筛选标记去除技术，"母系遗传法""雄性不育法"和"种子不育法"等强化了转基因安全控制；对环境胁迫下特异表达启动子的分离和应用方面的研究进一步加强，实现在正常条件和胁迫环境下高产的目的；BBM、WUS、GRF4-GIF 的应用促进开发不依赖组织培养的新型转化系统，打破受体基因型限制。在基因编辑技术上，一方面，微生物组学技术的发展大大促进了基因编辑工具酶的发掘，如锌指蛋白核酸酶（ZFN）、类转录激活因子效应物核酸酶（TALENs），以及最近几年快速发展的 CRISPR 技术等都来自微生物。尤其是近年来 CRISPR 技术更多的得益于微生物宏基因组的发展，已经支撑衍生出了除 Cas9 之外的 cpf1、Cas12i、Cas12j 等新型工具酶的诞生。另一方面，随着智能预测技术的发展，支撑产生了系列基因编辑工具酶的更优化的变体，智能预测技术还大大利于基因编辑靶位点的筛选，并利于对基因编辑脱靶效应的评估。在合成生物技术上，目前世界各国积极开展农业合成生物技术原理与创新产品研究，将农业合成生物技术未来市场的发展及其对全球经济带来的影响提升到了战略高度。智能设计技术的融合促进合成生物育种发展进入了新的快速发展阶段，从单一基因元器件的设计，迅速拓展到对多种复杂性状的元器件和模块进行整合，通过深度挖掘高效功能元件，重构代谢网络，优化元件与底盘的适配性，并对代谢网络流量进行精细调控，从而构建基于人工基因线路的定制化品种来实现主要作物高产优质、营养健康、资源节约、环境响应的大规模生产及应用，推动育种模式向新一代定向合成生物育种转变，更加精准地调控农艺性状，开创按照需求设计和创制智能生物品种的新时代。在全基因组选择技术上，全基因组选择（Genomic Selection，GS）是对传统遗传育种技术的一次重大革新，是标记辅助选择思想在全基因组范围内的扩展，根据训练群体全基因组上的分子标记基因型和表型之间的关联构建模型，计算表型未知的育种群体个体的基因组估计育种值，做出合理的预测和选择。人工智能算法更容易捕获遗传标记之间复杂的互作关系，通过自我分析、自我革新促进全基因组选择技术准确性的提升。近年来，多组学技术与智能算法结合是 GS 技术发展重要方向。

4. 智能设计基础算法与模型的创新促进作物育种方式的变革

利用深度学习和机器学习等人工智能技术，基因组学、转录组学、蛋白质组学、表观遗传学、代谢组学和表型组学的多组学数据结合的基础算法和模型预测正极大地促进着传统育种方式跨向智能设计育种 4.0。基因组预测特别是基于人工智能技术的基因组预测对挖掘库存种质资源利用潜力将起到重要作用。目前，全球有 1 750 个植物基因库，保存的种质资源约 740 万份。如何尽快对如此海量的种质资源进行鉴定评价？美国爱荷华州立大学用高粱做了基因组预测方面有益的探索，先用简化基因组测序技术（GBS）对 962 份种质进行了基因型鉴定，随后选择 299 份材料作为训练集，并对其开展生物量及其他相关性状的表型鉴定，发现用基因组预测方法可对其他种质资源进行生物量的预测，预测准确度达到 0.56。CIMMYT 针对 8 416 份墨西哥小麦地方品种和 2 403 份伊朗小麦地方品种进行基因组预测研究，发现考虑基因型与环境互作可提高预测准确度，不同性状的预测准确度存在差异，最高可达 0.677，说明基因组预测在种质鉴定评价中有应用价值。智能设计技术的发展正促进着育种方式从"根据表型选择基因型"到"根据基因型提前选择表型"的转变。

第二章　转基因玉米的应用

　　20 世纪 70 年代以来，以转基因技术为核心的现代农业生物技术快速发展，由于其可以打破物种间的生殖隔离界限，实现跨物种转移基因，从而解决常规育种不能解决的重大生产问题，并且可以对重要农艺性状进行精准、高效、工厂化式的改良，从而快速积聚优良性状，大大提高优质、高产、多抗的重大农作物品种育种效率。转基因技术在玉米育种得到广泛的应用，2021 年全球种植转基因玉米接近 7 000 万公顷，是全球种植面积排名第二的作物。全球玉米种植总面积的 31% 为转基因玉米，经济效益超过 70 亿美元。转基因玉米的广泛种植可以减少因玉米虫害造成的减产，降低除草等人工种植成本，提高机械化种植比例，从而降低生产成本，提高农民收入，对保障全球粮食安全、促进畜牧业发展、支撑农业可持续发展、应对气候变化做出了巨大贡献。

一、转基因玉米育种进程中的重要事件

　　1995 年，美国首次批准孟山都公司研发的抗虫玉米 MON810、MON80100 和抗虫耐除草剂玉米 MON88017、先正达公司研发的抗虫玉米 BT176、拜尔公司研发的耐除草剂玉米 T14 和 T25 等玉米品种的食用、饲用和种植。

　　1996 年，美国首次种植了 30 万公顷的转基因玉米。

1997 年，加拿大种植约 10 万公顷的转基因玉米。

1998 年，欧盟批准了先正达公司研发的抗虫耐除草剂玉米 Bt11，西班牙和法国开始种植转基因玉米。

1998 年，阿根廷批准抗虫耐除草剂玉米 MON810 和 Bt176，以及耐除草剂玉米 T25，并开始种植转基因玉米。

1996—1998 年，美国和加拿大批准了雄性不育制种转基因玉米，免除了人工或机械去雄程序，提高了制种效率和质量。

2004 年，中国批准抗虫玉米 Bt176 和 MON863、耐除草剂玉米 GA21 和 T25、抗虫耐除草剂玉米 Bt11 和 TC1507 的食用和饲用。

2005—2006 年，高赖氨酸玉米 LY038 获得美国和加拿大批准与种植，弥补了玉米赖氨酸的不足，满足人和单胃动物生长发育对赖氨酸等必需氨基酸的需求，提高了营养品质。

2007—2008 年，先正达公司研发的耐高温淀粉酶玉米 3272 获得了美国和加拿大的种植批准，可以增加淀粉酶热稳定性，提高玉米生产乙醇的效率。

2009 年，中国批准了高植酸酶玉米的种植。

2011 年，孟山都公司研发的耐旱玉米 MON87460 获得美国、加拿大等国家的批准，美国于 2012 年种植了耐旱玉米，提高玉米产量 15% 以上。

二、研发和应用的总体情况

1. 全球批准的转化体情况

自从第一个转基因抗虫玉米于 1995 年在美国获批商业化以来，依据国际农业生物技术应用服务组织（https://www.isaaa.org）的数据统计，截至 2022 年 9 月，全球共有美国、加拿大、阿根廷、巴西等 32 个国家或地区批准了转基因玉米的食用、饲用或者种植，获得至少一个国家关于食用、饲用或者种植中的一项批准的玉米转化体共计 244 个（表 2-1）。如果把食用、饲用或者种植批准分开统计，那么涉及的监管审批总计 1 991 项。

表 2-1　玉米转化体在全球的批准情况

序号	转化体名称	研发单位	目的基因	性状	批准国家数量
1	32138	杜邦先锋公司	ms45、zm-aa1、dsRed2*	花粉控制系统（雄性不育、育性恢复）	2
2	3272	先正达	amy797E、pmi*	增加淀粉酶热稳定性、提高乙醇产量	15
3	3272×Bt11	先正达	cry1Ab、pat、amy797E、pmi*	耐草铵膦除草剂、增加淀粉酶热稳定性、提高乙醇产量	1
4	3272×Bt11×GA21	先正达	cry1Ab、pat、amy798E、pmi*、mepsps	耐草铵膦和草甘膦除草剂、抗虫、增加淀粉酶热稳定性、提高乙醇产量	1
5	3272×Bt11×MIR604	先正达	cry1Ab、pat、amy799E、pmi*、mcry3A、mepsps	耐草铵膦除草剂、抗虫、增加淀粉酶热稳定性、提高乙醇产量	1
6	3272×Bt11×MIR604×GA21	先正达	cry1Ab、pat、amy799E、pmi*、mcry4A	耐草铵膦和草甘膦除草剂、抗虫、增加淀粉酶热稳定性、提高乙醇产量	6
7	3272×Bt11×MIR604×TC1507×5307×GA21	先正达	cry1Ab、pat、amy799E、pmi*、mcry3A、mepsps、cry1Fa2、ecry3.1Ab	耐草铵膦和草甘膦除草剂、抗虫、增加淀粉酶热稳定性、提高乙醇产量	4
8	3272×GA21	先正达	amy799E、pmi*、mcry3A	耐草甘膦除草剂、增加淀粉酶热稳定性、提高乙醇产量	1
9	3272×MIR604	先正达	amy800E、pmi*、mepsps	抗虫、增加淀粉酶热稳定性、提高乙醇产量	1
1	3272×MIR604×GA21	先正达	amy799E、pmi*、mcry3A、mepsps	耐草甘膦除草剂、抗虫、增加淀粉酶热稳定性、提高乙醇产量	1
11	33121	杜邦先锋公司	cry2Ae、cry1A、vip3Aa20、pat	耐草铵膦除草剂、抗虫	1
12	4114	杜邦先锋公司	cry1F、cry34Ab1、cry35Ab1、pat	耐草铵膦除草剂、抗虫	10

续表

序号	转化体名称	研发单位	目的基因	性状	批准国家数量
13	5307	先正达	pmi*、ecry3.1Ab	抗虫	13
14	5307×GA21	先正达	mepsps、ecry3.2Ab	耐草甘膦除草剂，抗虫	1
15	5307×MIR604×Bt11×TC1507×GA21	先正达	ecry3.1Ab、mcry3A、cry1Ab、pat、cry1Fa2、mepsps、pmi*	耐草铵膦和草甘膦除草剂，抗虫	5
16	5307×MIR604×Bt11×TC1507×GA21×MIR162	先正达	ecry3.1Ab、mcry3A、cry1Ab、pat、cry1Fa2、vip3Aa20、mepsps、pmi*	耐草铵膦和草甘膦除草剂，抗虫	8
17	59122	陶氏益农和杜邦先锋公司	pat、cry34Ab1、cry35Ab1	耐草铵膦除草剂，抗虫	16
18	59122×DAS40278	先正达	pat、cry34Ab1、cry35Ab1、aad-1	耐草铵膦和2,4-D除草剂，抗虫	1
19	59122×GA21	先正达	pat、cry34Ab1、cry35Ab1、mepsps	耐草铵膦和草甘膦除草剂，抗虫	1
20	59122×MIR604	先正达	pat、cry34Ab1、cry35Ab1、mcry3A、pmi*	耐草铵膦除草剂，抗虫	1
21	59122×MIR604×GA21	先正达	pat、cry34Ab1、cry35Ab1、mcry3A、pmi*、mepsps	耐草铵膦和草甘膦除草剂，抗虫	1
22	59122×MIR604×TC1507	先正达	pat、cry34Ab1、cry35Ab1、mcry3A、pmi*、cry1Fa2	耐草铵膦除草剂，抗虫	1
23	59122×MIR604×TC1507×GA21	先正达	pat、cry34Ab1、cry35Ab1、mcry3A、pmi*、cry1Fa2、mepsps	耐草铵膦和草甘膦除草剂，抗虫	1
24	59122×MON810	杜邦先锋公司	pat、cry34Ab1、cry35Ab1、cry1Ab	耐草铵膦除草剂，抗虫	1

续表

序号	转化体名称	研发单位	目的基因	性状	批准国家数量
25	59122×MON810×MIR604	杜邦先锋公司	pat、cry34Ab1、cry35Ab1、cry1Ab、mcry3A	耐草铵膦除草剂、抗虫	1
26	59122×MON810×NK603	杜邦先锋公司	pat、cry34Ab1、cry35Ab1、cry1Ab、cp4 epsps	耐草铵膦和草甘膦除草剂、抗虫	1
27	59122×MON810×NK603×MIR604	杜邦先锋公司	pat、cry34Ab1、cry35Ab1、cry1Ab、cp4 epsps、mcry3A	耐草铵膦和草甘膦除草剂、抗虫	1
28	59122×MON88017	孟山都公司和陶氏益农	pat、cry34Ab1、cry35Ab1、cry3Bb1、cp4 epsps	耐草铵膦和草甘膦除草剂、抗虫	2
29	59122×MON88017×DAS40278	陶氏益农	pat、cry34Ab1、cry35Ab1、cry3Bb1、cp4 epsps、aad-1	耐草铵膦、草甘膦和2,4-D除草剂、抗虫	1
30	59122×NK603	陶氏益农	pat、cry34Ab1、cry35Ab1、cp4 epsps	耐草铵膦和草甘膦除草剂、抗虫	9
31	59122×NK603×MIR604	杜邦先锋公司	pat、cry34Ab1、cry35Ab1、cp4 epsps、mcry3A	耐草铵膦和草甘膦除草剂、抗虫	1
32	59122×TC1507×GA21	先正达	pat、cry34Ab1、cry35Ab1、cry1Fa2、mepsps	耐草铵膦和草甘膦除草剂、抗虫	1
33	676	杜邦先锋公司	pat、dam	耐草铵膦除草剂、花粉控制系统（雄性不育）	1
34	678	杜邦先锋公司	pat、dam	耐草铵膦除草剂、花粉控制系统（雄性不育）	1

续表

序号	转化体名称	研发单位	目的基因	性状	批准国家数量
35	680	杜邦先锋公司	pat、dam	耐草铵膦除草剂，花粉控制系统（雄性不育）	1
36	98140	杜邦先锋公司	zm-hra、gat4621	耐草甘膦和磺酰脲类除草剂	7
37	98140×59122	陶氏益农和杜邦先锋公司	zm-hra、gat4621、pat、cry34Ab1、cry35Ab1	耐草铵膦、草甘膦和磺酰脲类除草剂，抗虫	1
38	98140×TC1507	陶氏益农和杜邦先锋公司	zm-hra、gat4621、cry1Fa2、pat	耐草铵膦、草甘膦和磺酰脲类除草剂，抗虫	1
39	98140×TC1507×59122	陶氏益农和杜邦先锋公司	zm-hra、gat4621、cry1Fa2、pat、cry34Ab1、cry35Ab1	耐草铵膦、草甘膦和磺酰脲类除草剂，抗虫	1
40	Bt10	先正达	cry1Ab、pat、bla*	耐草铵膦除草剂，抗虫	1
41	Bt11（X4334CBR、X4734CBR）	先正达	cry1Ab、pat	耐草铵膦除草剂，抗虫	25
42	Bt11×5307	先正达	cry1Ab、pat、ecry3.1Ab	耐草铵膦除草剂，抗虫	1
43	Bt11×5307×GA21	先正达	pat、cry1Ab、ecry3.1Ab、mepsps	耐草铵膦和草甘膦除草剂，抗虫	1
44	Bt11×59122	先正达	pat、cry1Ab、cry34Ab1、cry35Ab1	耐草铵膦除草剂，抗虫	1
45	Bt11×59122×GA21	先正达	pat、cry1Ab、cry34Ab1、cry35Ab1、mepsps	耐草铵膦和草甘膦除草剂，抗虫	1
46	Bt11×59122×MIR604	先正达	pat、cry1Ab、cry34Ab1、cry35Ab1、mcry3A、pmi*	耐草铵膦除草剂，抗虫	1

续表

序号	转化体名称	研发单位	目的基因	性状	批准国家数量
47	Bt11×59122×MIR604×GA21	先正达	pat、cry1Ab、cry34Ab1、cry35Ab1、mcry3A、mepsps、pmi*	耐草铵膦和草甘膦除草剂、抗虫	1
48	Bt11×59122×MIR604×TC1507	先正达	pat、cry1Ab、cry34Ab1、cry35Ab1、mcry3A、cry1Fa2、pmi*	耐草铵膦除草剂、抗虫	1
49	Bt11×59122×MIR604×TC1507×GA21	先正达	pat、cry1Ab、cry34Ab1、cry35Ab1、mcry3A、cry1Fa2、mepsps、pmi*	耐草铵膦除草剂、抗虫	9
50	Bt11×59122×TC1507	先正达	pat、cry1Ab、cry34Ab1、cry35Ab1、cry1Fa2	耐草铵膦除草剂、抗虫	1
51	Bt11×59122×TC1507×GA21	先正达	pat、cry1Ab、cry34Ab1、cry35Ab1、cry1Fa2、mepsps	耐草铵膦和草甘膦除草剂、抗虫	1
52	Bt11×GA21	先正达	pat、cry1Ab、mepsps	耐草铵膦和草甘膦除草剂、抗虫	17
53	Bt11×MIR162	先正达	pat、cry1Ab（truncated）、vip3Aa20、pmi*	耐草铵膦除草剂、抗虫	9
54	Bt11×MIR162×5307	先正达	pat、cry1Ab、vip3Aa20、ecry3.1Ab	耐草铵膦除草剂、抗虫	1
55	Bt11×MIR162×5307×GA21	先正达	pat、cry1Ab（truncated）、vip3Aa20、mepsps、ecry3.1Ab	耐草铵膦和草甘膦除草剂、抗虫	1
56	Bt11×MIR162×GA21	先正达	pat、cry1Ab、vip3Aa20、mepsps、pmi*	耐草铵膦和草甘膦除草剂、抗虫	13
57	BT11×MIR162×MIR604	先正达	pat、cry1Ab、vip3Aa20、pmi*、mcry3A	耐草铵膦除草剂、抗虫	2

续表

序号	转化体名称	研发单位	目的基因	性状	批准国家数量
58	BT11×MIR162×MIR604×5307	先正达	pat、cry1Ab、vip3Aa20、ecry3.1Ab、mcry3A	耐草铵膦除草剂，抗虫	1
59	Bt11×MIR162×MIR604×5307×GA21	先正达	pat、cry1Ab、vip3A（a）、ecry3.1Ab、mcry3A、mepsps	耐草铵膦和草甘膦除草剂，抗虫	1
60	Bt11×MIR162×MIR604×GA21	先正达	pat、cry1Ab、pmi*、vip3Aa20、mcry3A、mepsps	耐草铵膦和草甘膦除草剂，抗虫	11
61	Bt11×MIR162×MIR604×MON89034×5307×GA21	先正达	pat、cry1Ab、cry2Ab2、cry1A.105、ecry3.1Ab、vip3Aa20、mcry3A、mepsps	耐草铵膦和草甘膦除草剂，抗虫	2
62	BT11×MIR162×MIR604×TC1507	先正达	pat、cry1Ab、vip3Aa20、mcry3A、cry1Fa2	耐草铵膦除草剂，抗虫	1
63	MON87427×MON89034×MIR162×MON87419×NK603	孟山都公司	cp4 epsps（aroA: CP4）、cry2Ab2、cry1A.105、vip3Aa20、pmi*、dmo、pat、cp4 epsps(aroA: CP4)	草铵膦除草剂耐受性、草甘膦除草剂耐受性、鳞翅目昆虫抗性、甘露糖代谢、麦草畏除草剂耐受性	2
64	BT11×MIR162×MIR604×TC1507×5307	先正达	pat、cry1Ab、vip3A（a）、mcry3A、cry1Fa2、ecry3.1Ab	耐草铵膦除草剂，抗虫	1
65	Bt11×MIR162×MIR604×TC1507×GA21	先正达	pat、cry1Ab、vip3A（a）、mcry3A、cry1Fa2、mepsps	耐草铵膦和草甘膦除草剂，抗虫	1
66	Bt11×MIR162×MON89034	先正达	pat、cry1Ab、vip3Aa20、pmi*、cry1A.105、cry2Ab2	耐草铵膦除草剂，抗虫	2

续表

序号	转化体名称	研发单位	目的基因	性状	批准国家数量
67	Bt11×MIR162×MON89034×GA21	先正达	pat、cry1Ab、vip3Aa20、pmi*、mepsps、cry1A.105、cry2Ab2	耐草铵膦和草甘膦除草剂，抗虫	5
68	Bt11×MIR162×TC1507	先正达	pat、cry1Ab、vip3Aa20、pmi*、cry1Fa2	耐草铵膦除草剂，抗虫	2
69	Bt11×MIR162×TC1507×5307	先正达	pat、cry1Ab、vip3Aa20、ecry3.1Ab、cry1Fa2	耐草铵膦除草剂，抗虫	1
70	Bt11×MIR162×TC1507×5307×GA21	先正达	pat、cry1Ab、vip3A（a）、mepsps、cry1Fa2、ecry3.1Ab	耐草铵膦和草甘膦除草剂，抗虫	1
71	Bt11×MIR162×TC1507×GA21	先正达	pat、cry1Ab、vip3Aa20、mepsps、cry1Fa2、pmi*	耐草铵膦和草甘膦除草剂，抗虫	9
72	Bt11×MIR604	先正达	pat、cry1Ab、mcry3A、pmi*	耐草铵膦除草剂，抗虫	11
73	Bt11×MIR604×5307	先正达	pat、cry1Ab、mcry3A、ecry3.1Ab	耐草铵膦除草剂，抗虫	1
74	Bt11×MIR604×5307×GA21	先正达	pat、cry1Ab、mcry3A、ecry3.1Ab、mepsps	耐草铵膦和草甘膦除草剂，抗虫	1
75	Bt11×MIR604×GA21	先正达	pat、cry1Ab、mcry3A、pmi*、mepsps	耐草铵膦和草甘膦除草剂，抗虫	9
76	Bt11×MIR604×TC1507	先正达	pat、cry1Ab、mcry3A、pmi*、cry1Fa2	耐草铵膦除草剂，抗虫	1
77	Bt11×MIR604×TC1507×5307	先正达	pat、cry1Ab、cry1Fa2、mcry3A、ecry3.1Ab	耐草铵膦除草剂，抗虫	1
78	Bt11×MIR604×TC1507×GA21	先正达	pat、cry1Ab、cry1Fa2、mcry3A、mepsps	耐草铵膦和草甘膦除草剂，抗虫	1
79	Bt11×MON89034	先正达	pat、cry1Ab	耐草铵膦除草剂，抗虫	1

续表

序号	转化体名称	研发单位	目的基因	性状	批准国家数量
80	Bt11×MON89034×GA21	先正达	pat、cry1Ab、mepsps、cry2Ab2、cry1A.105	耐草铵膦和草甘膦除草剂，抗虫	1
81	Bt11×TC1507	先正达	pat、cry1Ab、cry1Fa2	耐草铵膦除草剂，抗虫	2
82	Bt11×TC1507×5307	先正达	pat、cry1Ab、cry1Fa2、ecry3.1Ab	耐草铵膦除草剂，抗虫	1
83	Bt11×TC1507×GA21	先正达	pat、cry1Ab、cry1Fa2、mepsps	耐草铵膦和草甘膦除草剂，抗虫	6
84	Bt176（176）	先正达	bar、cry1Ab、bla*	耐草铵膦除草剂，抗虫	13
85	BVLA430101	奥瑞金种业（中国）	phyA2	生产植酸酶，改良品质	1
86	CBH-351	拜耳作物科学	bar、cry9C、bla*	耐草铵膦除草剂，抗虫	1
87	DAS40278	陶氏益农	aad-1	耐 2,4-D 除草剂	13
88	DAS40278×NK603	陶氏益农	aad-1、cp4 epsps	耐草甘膦除草剂，耐 2,4-D 除草剂	6
89	DBT418	孟山都公司	bar、cry1Ac、bla*、pinII	耐草铵膦除草剂，抗虫	8
90	DLL25（B16）	孟山都公司	bar、bla*	耐草铵膦除草剂	6
91	GA21	孟山都公司	mepsps	耐草甘膦除草剂	24
92	GA21×MON810	孟山都公司	mepsps、cry1Ab	耐草甘膦除草剂，抗虫	5
93	GA21×T25	先正达	pat（syn）、bla*、mepsps	耐草铵膦和草甘膦除草剂	5
94	HCEM485	斯坦恩种子公司（美国）	2mepsps	耐草甘膦除草剂	2
95	LY038	Renessen LLC（荷兰）	cordapA	增加赖氨酸产量，改良品质	8

续表

序号	转化体名称	研发单位	目的基因	性状	批准国家数量
96	LY038×MON810	Renessen LLC（荷兰）和孟山都公司	cordapA、cry1Ab	增加赖氨酸产量、改良品质、抗虫	2
97	MIR162	先正达	vip3Aa20、pmi*	抗虫	22
98	MIR162×5307	先正达	ecry3.1Ab、vip3Aa20	抗虫	1
99	MIR162×5307×GA21	先正达	ecry3.1Ab、vip3Aa20、mepsps	耐草甘膦除草剂、抗虫	1
100	MIR162×GA21	先正达	pmi*、vip3Aa20、mepsps	耐草甘膦除草剂、抗虫	4
101	MIR162×MIR604	先正达	pmi*、vip3Aa20、mcry3A	抗虫	2
102	MIR162×MIR604×5307	先正达	ecry3.1Ab、vip3Aa20、mcry3A	抗虫	1
103	MIR162×MIR604×5307×GA21	先正达	ecry3.1Ab、vip3Aa20、mcry3A、mepsps	耐草甘膦除草剂、抗虫	1
104	MIR162×MIR604×GA21	先正达	ecry3.1Ab、vip3Aa20、mcry3A、mepsps、pmi*	耐草甘膦除草剂、抗虫	2
105	MIR162×MIR604×TC1507×5307	先正达	ecry3.1Ab、vip3Aa20、mcry3A、cry1Fa2、pat	耐草甘膦除草剂、抗虫	1
106	MIR162×MIR604×TC1507×5307×GA21	先正达	ecry3.1Ab、vip3Aa20、mcry3A、cry1Fa2、pat、mepsps	耐草铵膦和草甘膦除草剂、抗虫	1
107	MIR162×MIR604×TC1507×GA21	先正达	vip3Aa20、mcry3A、cry1Fa2、pat、mepsps	耐草铵膦和草甘膦除草剂、抗虫	1
108	MIR162×MON89034	先正达	vip3Aa20、pmi*、cry2Ab2、cry1A.105	抗虫	2
109	MIR162×NK603	先正达	vip3Aa20、pmi*、cp4 epsps	耐草甘膦除草剂、抗虫	3

续表

序号	转化体名称	研发单位	目的基因	性状	批准国家数量
110	MIR162×TC1507	先正达	vip3Aa20、pmi*、cry1Fa2、pat	耐草铵膦除草剂，抗虫	2
111	MIR162×TC1507×5307	先正达	vip3Aa20、cry1Fa2、pat、ecry3.1Ab	耐草铵膦除草剂，抗虫	1
112	MIR162×TC1507×5307×GA21	先正达	vip3Aa20、cry1Fa2、pat、ecry3.1Ab、mepsps	耐草铵膦和草甘膦除草剂，抗虫	1
113	MIR162×TC1507×GA21	先正达	vip3Aa20、cry1Fa2、pat、pmi*、mepsps	耐草铵膦和草甘膦除草剂，抗虫	2
114	MIR604	先正达	mcry3A、pmi*	抗虫	22
115	MIR604×5307	先正达	mcry3A、ecry3.1Ab	抗虫	1
116	MIR604×5307×GA21	先正达	mcry3A、ecry3.1Ab、mepsps	耐草甘膦除草剂，抗虫	1
117	MIR604×GA21	先正达	mcry3A、pmi*、mepsps	耐草甘膦除草剂，抗虫	10
118	MIR604×NK603	杜邦先锋公司	mcry3A、pmi*、cp4 epsps	耐草甘膦除草剂，抗虫	1
119	MIR604×TC1507	先正达	mcry3A、cry1Fa2、pat、pmi*	耐草铵膦除草剂，抗虫	1
120	MIR604×TC1507×5307	先正达	mcry3A、cry1Fa2、pat、ecry3.1Ab	耐草铵膦除草剂，抗虫	1
121	MIR604×TC1507×5307×GA21	先正达	mcry3A、cry1Fa2、pat、ecry3.1Ab、mepsps	耐草铵膦和草甘膦除草剂，抗虫	1
122	MIR604×TC1507×GA21	先正达	mcry3A、cry1Fa2、pat、mepsps	耐草铵膦和草甘膦除草剂，抗虫	1
123	MON801（MON80100）	孟山都公司	cry1Ab、nptII*、cp4 epsps*、go×v247*	耐草甘膦除草剂，抗虫	1
124	MON802	孟山都公司	cry1Ab、nptII*、cp4 epsps*、go×v247*	耐草甘膦除草剂，抗虫	2
125	MON809	孟山都公司	cry1Ab、nptII*、cp4 epsps*、go×v247*	耐草甘膦除草剂，抗虫	2

续表

序号	转化体名称	研发单位	目的基因	性状	批准国家数量
126	MON810	孟山都公司	cry1Ab、nptII*、cp4 epsps*、go×v247*	耐草甘膦除草剂，抗虫	26
127	MON810×MIR162	杜邦先锋公司	cry1Ab、vip3Aa20、pmi*	抗虫	3
128	MON810×MIR162×NK603	杜邦先锋公司	cry1Ab、vip3Aa20、cp4 epsps、pmi*	耐草甘膦除草剂，抗虫	2
129	MON810×MIR604	杜邦先锋公司	cry1Ab、mcry3A	抗虫	1
130	MON810×MON88017	孟山都公司	cry1Ab、cp4 epsps、cry3Bb1	耐草甘膦除草剂，抗虫	10
131	MON810×NK603×MIR604	杜邦先锋公司	cry1Ab、cp4 epsps、mcry3A	耐草甘膦除草剂，抗虫	1
132	MON832	孟山都公司	nptII*、cp4 epsps*、go×v247*	耐草甘膦除草剂	2
133	MON863	孟山都公司	cry3Bb1、nptII*	抗虫	18
134	MON863×MON810	孟山都公司	cry3Bb1、cry1Ab、nptII*	抗虫	8
135	MON863×MON810×NK603	孟山都公司	cry3Bb1、cry1Ab、nptII*、cp4 epsps	耐草甘膦除草剂，抗虫	9
136	MON863×NK603	孟山都公司	cry3Bb1、nptII*、cp4 epsps	耐草甘膦除草剂，抗虫	7
137	MON87403	孟山都公司	athb17	增加玉米穗生物量	6
138	MON87411	孟山都公司	cry3Bb1、cp4 epsps、dvsnf7	耐草甘膦除草剂，抗虫	8
139	MON87419	孟山都公司	dmo、pat	耐草铵膦和麦草畏除草剂	7
140	MON87427	孟山都公司	cp4 epsps	耐草甘膦除草剂	14
141	MON87427×59122	孟山都公司	cp4 epsps、pat、cry34Ab1、cry35Ab1	耐草铵膦和草甘膦除草剂，抗虫	1
142	MON87427×MON88017	孟山都公司	cp4 epsps、cry3Bb1	耐草甘膦除草剂，抗虫	1

续表

序号	转化体名称	研发单位	目的基因	性状	批准国家数量
143	MON87427×MON88017×59122	孟山都公司	cp4 epsps、cry3Bb1、pat、cry34Ab1、cry35Ab1	耐草铵膦和草甘膦除草剂，抗虫	1
144	MON87427×MON89034	Monsanto 和巴斯夫	cp4 epsps、cry2Ab2、cry1A.105	耐草甘膦除草剂，抗虫	1
145	MON87427×MON89034×59122	孟山都公司	cp4 epsps、cry2Ab2、cry1A.105	耐草甘膦除草剂，抗虫	1
146	MON87427×MON89034×MIR162×MON87411	孟山都公司	cp4 epsps、cry2Ab2、cry1A.105、vip3Aa20、cry3Bb1、dvsnf7	耐草甘膦除草剂，抗虫	2
147	MON87427×MON89034×MON88017	孟山都公司	cp4 epsps、cry2Ab2、cry1A.105、cry3Bb1	耐草甘膦除草剂，抗虫	4
148	MON87427×MON89034×MON88017×59122	孟山都公司	cp4 epsps、cry2Ab2、cry1A.105、cry3Bb1、pat、cry34Ab1、cry35Ab1	耐草铵膦和草甘膦除草剂，抗虫	1
149	MON87427×MON89034×NK603	孟山都公司	cp4 epsps、cry2Ab2、cry1A.105	耐草甘膦除草剂，抗虫	4
150	MON87427×MON89034×TC1507	孟山都公司	cp4 epsps、cry2Ab2、cry1A.105、cry1Fa2、pat	耐草铵膦和草甘膦除草剂，抗虫	1
151	MON87427×MON89034×TC1507×59122	孟山都公司	cp4 epsps、cry2Ab2、cry1A.105、cry1F、pat、cry34Ab1、cry35Ab1	耐草铵膦和草甘膦除草剂，抗虫	1
152	MON87427×MON89034×TC1507×MON87411×59122	孟山都公司	cp4 epsps、cry2Ab2、cry1A.105、cry1F、pat、cry34Ab1、cry35Ab1、cry3Bb1、dvsnf7	耐草铵膦和草甘膦除草剂，抗虫	3

续表

序号	转化体名称	研发单位	目的基因	性状	批准国家数量
153	MON87427×MON89034×TC1507×MON87411×59122×DAS40278	孟山都公司	cp4 epsps、cry2Ab2、cry1A.105、cry1F、pat、cry34Ab1、cry35Ab1、cry3Bb1、dvsnf7、aad-1	耐草铵膦、草甘膦 和 2,4-D 除草剂、抗虫	1
154	MON87427×MON89034×TC1507×MON88017	孟山都公司	cp4 epsps、cry2Ab2、cry1A.105、cry3Bb1、cry1Fa2、patcry1Fa2	耐草铵膦和草甘膦除草剂、抗虫	1
155	MON87427×MON89034×MIR162×NK603	孟山都公司	cp4 epsps、cry2Ab2、cry1A.105、vip3Aa20、pmi	耐草甘膦除草剂、抗虫	5
156	MON87427×MON89034×TC1507×MON88017×59122	孟山都公司	cp4 epsps、cry34Ab1、cry35Ab1、cry1Fa2、pat、cry2Ab2	耐草甘膦除草剂、抗虫	4
157	MON87427×TC1507	孟山都公司	cp4 epsps、cry1Fa2、pat	耐草铵膦和草甘膦除草剂、抗虫	1
158	MON87427×TC1507×59122	孟山都公司	cp4 epsps、cry1F、pat、cry34Ab1、cry35Ab1	耐草铵膦和草甘膦除草剂、抗虫	1
159	MON87427×TC1507×MON88017	孟山都公司	cp4 epsps、cry1Fa2、cry3Bb1、pat	耐草铵膦和草甘膦除草剂、抗虫	1
160	MON87427×TC1507×MON88017×59122	孟山都公司	cp4 epsps、cry1Fa2、cry34Ab1、cry35Ab1、cry3Bb1、pat	耐草铵膦和草甘膦除草剂、抗虫	1
161	MON87460	孟山都公司和巴斯夫	cspB、nptII*	耐旱	17
162	MON87460×MON88017	孟山都公司	cspB、cp4 epsps、cry3Bb1	耐草甘膦除草剂、抗虫、耐旱	1
163	MON87460×MON89034×MON88017	孟山都公司	cspB、cry1A.105、cry2Ab2、cry3Bb1、cp4 epsps、nptII*	耐草甘膦除草剂、抗虫、耐旱	6

续表

序号	转化体名称	研发单位	目的基因	性状	批准国家数量
164	MON87460×MON89034×NK603	孟山都公司	cp4 epsps、cry2Ab2、cry1A.105、cspB、nptII*	耐草甘膦除草剂、抗虫、耐旱	6
165	MON87460×NK603	孟山都公司	cp4 epsps、cspB、nptII*	耐草甘膦除草剂、耐旱	5
166	MON88017	孟山都公司	cp4 epsps、cry3Bb1	耐草甘膦除草剂、抗虫	22
167	MON88017×DAS40278	陶氏益农	cp4 epsps、cry3Bb1、aad-1	耐草甘膦和2,4-D除草剂、抗虫	1
168	MON89034	孟山都公司	cry2Ab2、cry1A.105	抗虫	24
169	MON89034×59122	孟山都公司和陶氏益农	cry2Ab2、cry1A.105、cry34Ab1、cry35Ab1、pat	耐草铵膦除草剂、抗虫	2
170	MON89034×59122×DAS40278	陶氏益农	cry2Ab2、cry1A.105、cry34Ab1、cry35Ab1、pat、aad-1	耐草铵膦和2,4-D除草剂、抗虫	1
171	MON89034×59122×MON88017	孟山都公司和陶氏益农	cry2Ab2、cry1A.105、cry34Ab1、cry35Ab1、cry3Bb1、pat、cp4 epsps	耐草铵膦和草甘膦除草剂、抗虫	2
172	MON89034×59122×MON88017×DAS40278	陶氏益农	cry2Ab2、cry1A.105、cry34Ab1、cry35Ab1、cry3Bb1、pat、cp4 epsps、aad-1	耐草铵膦、草甘膦和2,4-D除草剂、抗虫	1
173	MON89034×DAS40278	陶氏益农	cry2Ab2、cry1A.105、aad-1	抗虫、耐2,4-D除草剂	1
174	MON89034×MON87460	孟山都公司	cry2Ab2、cry1A.105、cspB	抗虫、耐旱	1
175	MON89034×MON88017	孟山都公司	cp4 epsps、cry1A.105、cry2Ab2、cry3Bb1	耐草甘膦除草剂、抗虫	14

续表

序号	转化体名称	研发单位	目的基因	性状	批准国家数量
176	MON89034×MON88017×DAS40278	陶氏益农	cp4 epsps、cry1A.105、cry2Ab2、cry3Bb1、aad-1	耐草甘膦和 2,4-D 除草剂，抗虫	1
177	MON89034×NK603	孟山都公司	cp4 epsps、cry1A.105、cry2Ab2	耐草甘膦除草剂，抗虫	13
178	MON89034×NK603×DAS40278	陶氏益农	cp4 epsps、cry1A.105、cry2Ab2、aad-1	耐草甘膦和 2,4-D 除草剂，抗虫	1
179	MON89034×TC1507	孟山都公司和陶氏益农	cry2Ab2、cry1A.105、cry1Fa2、pat	耐草铵膦除草剂，抗虫	2
180	MON89034×TC1507×59122	孟山都公司和陶氏益农	cry1A.105、cry2Ab2、cry1Fa2、pat、cry34Ab1、cry35Ab1	耐草铵膦除草剂，抗虫	3
181	MON89034×TC1507×59122×DAS40278	陶氏益农	cry1A.105、cry2Ab2、cry1Fa2、pat、cry34Ab1、cry35Ab1、aad-1	耐草铵膦和 2,4-D 除草剂，抗虫	1
182	MON89034×TC1507×DAS40278	陶氏益农	cry2Ab2、cry1A.105、cry1Fa2、pat、aad-1	耐草铵膦和 2,4-D 除草剂，抗虫	1
183	MON89034×TC1507×MON88017	孟山都公司和陶氏益农	cry2Ab2、cry1A.105、cry1Fa2、cry3Bb1、pat、cp4 epsps	耐草铵膦和草甘膦除草剂，抗虫	2
184	MON89034×TC1507×MON88017×59122	孟山都公司和陶氏益农	cp4 epsps、cry1Fa2、cry2Ab2、cry35Ab1、cry34Ab1、cry3Bb1、cry1A.105、pat	耐草铵膦和草甘膦除草剂，抗虫	10
185	MON89034×TC1507×MON88017×59122×DAS40278	陶氏益农	cp4 epsps、cry1Fa2、cry2Ab2、cry35Ab1、cry34Ab1、cry3Bb1、cry1A.105、pat、aad-1	耐草铵膦、草甘膦和 2,4-D 除草剂，抗虫	5

续表

序号	转化体名称	研发单位	目的基因	性状	批准国家数量
186	MON87427 x MON87419 x NK603	孟山都公司	cp4 epsps (aroA: CP4)、dmo、pat	草铵膦除、草甘膦除、麦草畏除草剂耐受性	1
187	MON89034×TC1507×NK603	孟山都公司和陶氏益农	cry1Fa2、cp4 epsps、pat、cry2Ab2、cry1A.105	耐草铵膦和草甘膦除草剂，抗虫	12
188	MON89034×TC1507×NK603×DAS40278	陶氏益农	cry1Fa2、cp4 epsps、pat、cry2Ab2、cry1A.105、aad-1	耐草铵膦、草甘膦和2,4-D除草剂，抗虫	7
189	MON89034×TC1507×NK603×MIR162	陶氏益农	cry1Fa2、cp4 epsps、pat、cry2Ab2、vip3Aa20、pmi*	耐草铵膦和草甘膦除草剂，抗虫	6
190	MON89034×TC1507×NK603×MIR162×DAS40278	陶氏益农	cry1Fa2、cp4 epsps、pat、cry2Ab2、aad-1、vip3Aa20、pmi*	耐草铵膦、草甘膦和2,4-D除草剂，抗虫	1
191	MON89034×GA21	先正达	cry1A.105、cry2Ab2、mepsps	耐草甘膦除草剂，抗虫	1
192	MS3	拜耳作物科学	bar*、barnase、bla*	耐草铵膦除草剂，花粉控制系统	2
193	MS6	拜耳作物科学	bar*、barnase、bla*	耐草铵膦除草剂，花粉控制系统	1
194	MZHG0JG	先正达	2mepsps、pat	耐草铵膦和草甘膦除草剂	7
195	MZIR098	先正达	ecry3.1Ab、mcry3A、pat	耐草铵膦除草剂，抗虫	4
196	NK603	孟山都公司	cp4 epsps	耐草甘膦除草剂	26
197	NK603×MON810×4114×MIR604	先正达和孟山都公司	cp4 epsps、cry1Ab、cry1F、cry34Ab1、cry35Ab1、pat、go×v247*、nptII*、pmi*	耐草铵膦和草甘膦除草剂，抗虫	5
198	NK603×MON810	孟山都公司	cp4 epsps、cry1Ab	耐草甘膦除草剂，抗虫	13

续表

序号	转化体名称	研发单位	目的基因	性状	批准国家数量
199	NK603×T25	孟山都公司	pat（syn）、cp4 epsps、bla*	耐草铵膦和草甘膦除草剂	10
200	T14	拜耳作物科学	pat（syn）、bla*	耐草铵膦除草剂	4
201	T25	拜耳作物科学	pat（syn）、bla*	耐草铵膦除草剂	20
202	T25×MON810	孟山都公司和拜耳作物科学	pat（syn）、bla*、cry1Ab	耐草铵膦除草剂、抗虫	2
203	TC1507	陶氏益农和杜邦先锋公司	cry1Fa2、pat	耐草铵膦除草剂、抗虫	24
204	TC1507×59122×MON810×MIR604×NK603	杜邦先锋公司	cry1Fa2、cp4 epsps、pat、cry34Ab1、cry35Ab1、cry1Ab、mcry3A、pmi*	耐草铵膦和草甘膦除草剂、抗虫	6
205	TC1507×MON810×MIR604×NK603	杜邦先锋公司	mcry3A、cp4 epsps、cry1Fa2、cry1Ab、pmi*、pat、nptII*、go×v247*	耐草铵膦和草甘膦除草剂、抗虫	3
206	TC1507×5307	先正达	cry1Fa2、pat、ecry3.1Ab	耐草铵膦除草剂、抗虫	1
207	TC1507×5307×GA21	先正达	cry1Fa2、pat、mepsps、ecry3.1Ab	耐草铵膦和草甘膦除草剂、抗虫	1
208	MON87427×MON89034×MON810×MIR162×MON87411×MON87419	孟山都公司	cp4 epsps cry2Ab2、cry1A.105、cry1Ab、goxv247*、nptII*、vip3Aa20、pmi*、cry3Bb1、dmo、pat	草铵膦、麦草畏和草甘膦除草剂耐受性、抗虫	1
209	MON87427×MON89034×TC1507×MON87411×59122×MON87419	孟山都公司	cp4 epsps、cry2Ab2、cry1A.105、cry1Fa2、pat、cry3Bb1、cp4 epsps、dvsnf7、pat、cry34Ab1、cry35Ab1、dmo、pat	草铵膦、麦草畏和草甘膦除草剂耐受性、抗虫	1

续表

序号	转化体名称	研发单位	目的基因	性状	批准国家数量
210	TC1507×59122	陶氏益农和杜邦先锋公司	cry1F、pat、cry34Ab1、cry35Ab1	耐草铵膦除草剂, 抗虫	10
211	TC1507×59122×DAS40278	陶氏益农	cry1F、pat、cry34Ab1、cry35Ab1、aad-1、	耐草铵膦和2,4-D除草剂, 抗虫	1
212	3272×Bt11×59122×MIR604×TC1507×GA21	先正达	amy797E、cry1Ab、cry34Ab1、cry35Ab1、pmi*、mcry3A、cry1Fa2、pat、mepsps	草铵膦、草甘膦除草剂耐受性, 抗虫, 耐高温淀粉酶	1
213	MIR162×MON89034×GA21	孟山都公司		草甘膦除草剂耐受性, 抗虫	1
214	TC1507×59122×MON810	杜邦先锋公司	cry1Fa2、pat、cry34Ab1、cry35Ab1、cry1Ab	草甘膦除草剂耐受性, 抗虫	1
215	TC1507×59122×MON810×MIR604	杜邦先锋公司	cry1Fa2、pat、cry34Ab1、cry35Ab1、cry1Ab、mcry3A	耐草铵膦除草剂, 抗虫	1
216	TC1507×59122×MON810×NK603	杜邦先锋公司	cry1Fa2、cp4 epsps、pat、cry34Ab1、cry35Ab1、cry1Ab	耐草铵膦和草甘膦除草剂, 抗虫	5
217	TC1507×59122×MON88017	孟山都公司和陶氏益农	cry1Fa2、cry34Ab1、cry35Ab1、cry3Bb1、pat、cp4 epsps	耐草铵膦和草甘膦除草剂, 抗虫	2
218	TC1507×59122×MON88017×DAS40278	陶氏益农	cry1Fa2、cry34Ab1、cry35Ab1、cry3Bb1、pat、cp4 epsps、aad-1	耐草铵膦、草甘膦和2,4-D除草剂, 抗虫	1
219	TC1507×59122×NK603	陶氏益农和杜邦先锋公司	cry1Fa2、cp4 epsps、pat、cry34Ab1、cry35Ab1	耐草铵膦和草甘膦除草剂, 抗虫	10

续表

序号	转化体名称	研发单位	目的基因	性状	批准国家数量
220	TC1507×59122×NK603×MIR604	杜邦先锋公司	cry1Fa2、cp4 epsps、pat、cry34Ab1、cry35Ab1、mcry3A	耐草铵膦和草甘膦除草剂，抗虫	1
221	TC1507×DAS40278	陶氏益农	cry1Fa2、pat、aad-1	耐草铵膦和2,4-D除草剂，抗虫	1
222	TC1507×GA21	杜邦先锋公司	cry1Fa2、pat、mepsps	耐草铵膦和草甘膦除草剂，抗虫	1
223	TC1507×MIR162×NK603	杜邦先锋公司	cry1F、pat、vip3Aa20、pmi*、cp4 epsps	耐草铵膦和草甘膦除草剂，抗虫	3
224	C1507×MIR604×NK603	杜邦先锋公司	cry1Fa2、cp4 epsps、pat、mcry3A、pmi*	耐草铵膦和草甘膦除草剂，抗虫	4
225	TC1507×MON810	陶氏益农和杜邦先锋公司	cry1Fa2、cry1Ab、pat	耐草铵膦除草剂，抗虫	10
226	TC1507×MON810×MIR162	杜邦先锋公司	cry1Fa2、pat、cry1Ab、go×v247*、cp4 epsps*、nptII*、vip3Aa20、pmi*	耐草铵膦和草甘膦除草剂，抗虫	7
227	TC1507×MON810×MIR162×NK603	杜邦先锋公司	cry1Fa2、cry1Ab、pat、vip3Aa20、pmi*、cp4 epsps	耐草铵膦和草甘膦除草剂，抗虫	7
228	TC1507×MON810×MIR604	杜邦先锋公司	cry1Fa2、cry1Ab、pat、mcry3A	耐草铵膦除草剂，抗虫	1
229	TC1507×MON810×NK603	杜邦先锋公司	cry1Fa2、cry1Ab、pat、cp4 epsps	耐草铵膦和草甘膦除草剂，抗虫	11
230	TC1507×MON810×NK603×MIR604	杜邦先锋公司	cry1Fa2、cry1Ab、pat、cp4 epsps、mcry3A	耐草铵膦和草甘膦除草剂，抗虫	1
231	TC1507×MON8017	孟山都公司和陶氏益农	cry1Fa2、cry3Bb1、pat、cp4 epsps	耐草铵膦和草甘膦除草剂，抗虫	2

续表

序号	转化体名称	研发单位	目的基因	性状	批准国家数量
232	TC1507×MON88017×DAS40278	陶氏益农	cry1Fa2、cry3Bb1、pat、cp4 epsps、aad-1	耐草铵膦、草甘膦和2,4-D除草剂、抗虫	1
233	TC1507×NK603	陶氏益农和杜邦先锋公司	cry1Fa2、cp4 epsps、pat	耐草铵膦和草甘膦除草剂、抗虫	14
234	TC1507×NK603×DAS40278	陶氏益农	cry1Fa2、cp4 epsps、pat、aad-1	耐草铵膦、草甘膦和2,4-D除草剂、抗虫	1
235	TC6275	陶氏益农	bar、mocry1F	耐草铵膦除草剂、抗虫	3
236	VCO-01981-5	GenectiveS.A.	epspsgrg23ace5	耐草甘膦除草剂	4
237	MON87427×MON87460×MON89034×TC1507×MON87411×59122	孟山都公司	cp4 epsps (aroA: CP4)、cspB、cry2Ab2、cry1A.105、cry1F、pat、cry34Ab1、cry35Ab1、cry3Bb1、dvsnf7	草铵膦和草甘膦除草剂耐受性、抗虫、耐干旱胁迫	4
238	MIR162×MIR604×TC1507	先正达	vip3Aa20、pmi*、mcry3A、cry1Fa2、pat	草铵膦除草剂耐受性、抗虫	1
239	DBN9501	北京大北农生物科技有限公司	pat、vip3A (a)	草铵膦除草剂耐受性、抗虫	1
240	DBN9858	北京大北农生物科技有限公司	epsps (Ag)、pat	草铵膦和草甘膦除草剂耐受性	2
241	DBN9936	北京大北农生物科技有限公司	cry1Ab、epsps (Ag)	草甘膦除草剂耐受性、抗虫	2

续表

序号	转化体名称	研发单位	目的基因	性状	批准国家数量
242	DP202216	全资子公司陶氏益农	zmm28、mo-pat	草铵膦除草剂耐受性，增强光合作用/产量	4
243	MON87429	拜耳澳大利亚	pat、dmo、cp4 epsps	草铵膦、草甘膦、麦草畏和 2，4-D 除草剂耐受性	4
244	PY203	Agrivida Inc	pmi、phy02	产生植酸酶，改进产品质量	1

标注：* 表示筛选基因。

2. 玉米转化体的性状分布

目前商业化应用的转基因玉米具备的特性方面，已经从抗虫、耐除草剂性状为主的第一代转基因玉米产品，扩展到节水耐旱、提高赖氨酸等品质、高植酸酶含量、具备耐高温淀粉酶等附加值显著提高的第二代玉米产品，同时也从只具备单一的抗虫、耐除草剂性状快速地向同时兼具多个特性的复合性状产品发展（表 2–2）。

表 2–2　玉米转化体的性状情况

序号	性状类型	批准应用的转化体数量
1	耐草铵膦除草剂	14
2	耐 2,4–D 除草剂	1
3	耐草铵膦和草甘膦除草剂	6
4	耐 2,4–D 和草甘膦除草剂	2
5	耐草甘膦和磺酰脲类除草剂	1
6	耐草铵膦和麦草畏除草剂	1
7	抗虫	13
8	耐草铵膦除草剂，抗虫	61
9	耐草铵膦和草甘膦除草剂，抗虫	116
10	耐草甘膦和 2,4–D 除草剂，抗虫	3
11	耐草甘膦除草剂，耐旱	5
12	抗虫，耐旱	1
13	增加淀粉酶热稳定性，提高乙醇产量	1
14	耐草铵膦和草甘膦除草剂，抗虫，增加淀粉酶热稳定性，提高乙醇产量	8
15	增加赖氨酸产量，改良品质	2
16	产生植酸酶，改良品质	3
17	耐草铵膦除草剂，花粉控制系统（雄性不育）	5
18	花粉控制系统（雄性不育、育性恢复）	1

3. 获批数量最多的转化体

批准数量最多的前十个转化体包括：抗虫玉米 MON810（在 32 个国家 / 地区获得 62 个批文）、耐除草剂玉米转化体 NK603（在 29 个国家 / 地区获得 61 个批文）、耐除草剂和抗虫玉米 Bt11（在 26 个国家 / 地区获得 53 个批文）、耐除草剂和抗虫玉米 TC1507（在 26 个国家 / 地区获得 53 个批文）、抗虫玉米 MON89034（在 25 个国家 / 地区获得 51 个批文）、耐除草剂玉米 GA21（在 24 个国家 / 地区获得 50 个批文）、耐除草剂和抗虫玉米 MON88017（在 24 个国家 / 地区获得 45 个批文）、耐除草剂和抗虫玉米 T25（在 21 个国家 / 地区获得 43 个批文）、耐除草剂和抗虫玉米 MIR162（在 23 个国家 / 地区获得 42 个批文）、耐除草剂和抗虫玉米 MIR604（在 22 个国家 / 地区获得 41 个批文）（表 2-3）。

表 2-3 批准数量 top10 的转化体

序号	转化体名称	批复国家或地区	食用或加工	饲用	种植或生产证书	批文总数
1	MON810	32	26	22	14	62
2	NK603	29	26	21	14	61
3	Bt11	26	25	19	9	53
4	TC1507	26	24	17	12	53
5	MON89034	25	22	19	10	51
6	GA21	24	23	17	10	50
7	MON88017	24	22	17	6	45
8	T25	21	20	17	6	43
9	MIR162	23	20	15	7	42
10	MIR604	22	21	15	5	41

4. 全球主要国家和地区批准的转基因玉米

从批准转基因玉米商业化国家来看，全球共有美国、加拿大、阿根廷、巴西等 32 个国家或地区批准了转基因玉米的食用、饲用或者种植

（表2-4）。其中，批准数量最多的国家是日本（395个）、加拿大（149个）、韩国（144个）、巴西（141个）、美国（134个）、阿根廷（131个）、菲律宾（118个）、欧盟（102个）、南非（93个）、哥伦比亚（84个），中国列第12位（44个）。

表2-4　全球主要国家和地区对转基因玉米的批准情况

序号	国家或地区	食用或加工	饲用	种植或生产证书	批文总数
1	日本	201	121	73	395
2	加拿大	42	41	66	149
3	韩国	73	71	0	144
4	巴西	47	47	47	141
5	美国	45	45	44	134
6	阿根廷	44	43	44	131
7	菲律宾	53	52	13	118
8	欧盟	50	50	2	102
9	南非	41	41	11	93
10	哥伦比亚	48	30	6	84
11	墨西哥	76	0	0	76
12	中国	20	20	4	44
13	巴拉圭	13	12	13	38
14	马来西亚	16	16	0	32
15	越南	14	14	4	32
16	澳大利亚	29	0	0	29
17	新西兰	29	0	0	29
18	乌拉圭	9	7	10	26
19	土耳其	0	24	0	24
20	俄联邦	11	12	0	23
21	新加坡	13	10	0	23
22	泰国	12	0	0	12
23	印度尼西亚	9	2	0	11
24	洪都拉斯	2	1	5	8

续表

序号	国家或地区	食用或加工	饲用	种植或生产证书	批文总数
25	瑞士	3	3	0	6
26	巴拿马	1	0	1	2
27	埃及	0	0	1	1
28	哥斯达黎加	0	0	1	1
29	古巴	0	0	1	1
30	智利	0	0	1	1

三、不同类型转基因玉米介绍

1. 抗虫转基因玉米的应用

玉米生产过程中会受到多种虫害的威胁，玉米螟、黏虫、灰飞虱、二点委夜蛾、蓟马、甜菜夜蛾、草地贪夜蛾、蚜虫、蓟马、地老虎等都是玉米种植过程常见的虫害。以玉米螟为例，其幼虫会咬碎玉米叶片、雄穗、茎秆，虫卵还有可能潜伏在秸秆中影响翌年的玉米种植。传统种植过程中通过喷洒氯虫苯甲酰胺、高效氯氟氰菊酯等化学农药来防治玉米螟。通过生物技术或基因工程技术，将自然界中发现的不同来源的抗虫基因转入玉米中，从而培育出具有抗虫特性的玉米。抗虫性状是目前转基因玉米中应用最广泛的性状之一。

截至目前，商业化转基因玉米品种中应用的抗虫基因共计 15 种（表2-5）。杀虫基因主要来源于苏云金芽孢杆菌细菌，其中来源苏云金芽孢杆菌亚种 *kumamotoensis* 细菌的有 4 种；来源苏云金芽孢杆菌 PS149B1 细菌的有 2 种；来源苏云金芽孢杆菌亚种 *kurstaki* 的、苏云金芽孢杆菌亚种 *Dakota* 的、苏云金芽孢杆菌变种 *aizawai* 的各有 1 种，其他 3 种基因是对 *cry3A* 基因、*cry1Ab* 基因、*cry1F* 基因进行改造后的合成基因。

根据杀虫蛋白的特性，抗虫基因可以分为 *Cry*、*Cyt* 和 *Vip* 3 类基因，其中，*Cry* 类基因编码杀虫晶体蛋白，主要针对鳞翅目和鞘翅目昆虫，包括 *cry1Ab*、*cry1Ac*、*cry1Fa*、*cry2Ab2*、*cry3Bb1*、*cry34Ab1*、*cry35Ab1* 等；*Cyt* 类基因编码杀虫晶体蛋白，主要针对双翅目昆虫，部分基因也可以杀死鳞翅目和鞘翅目昆虫，包括 *cyt1Aa*、*cyt1Ab*、*cyt1Ba*、*cyt2Aa1*、*cyt2Ba1* 等；*Vip* 类基因编码营养期杀虫蛋白，主要针对鳞翅目昆虫，包括 *vip3Aa20*、*vip3A*（*a*）等。

商业化的抗虫玉米主要应用的抗虫基因有 *cry1Ab/c*、*cry1F*、*cry2A*、*vip3A*，能有效防治玉米螟对玉米造成的危害，对黏虫、小地老虎、草地贪夜蛾、双斑萤叶甲等玉米害虫也有明显的防治效果。

表 2-5　转基因玉米中抗虫基因应用情况

序号	基因名称	基因来源	功能
1	*cry1A*	苏云金芽孢杆菌	通过选择性地破坏鳞翅目昆虫的中肠内壁来赋予它们对鳞翅目昆虫的抵抗力
2	*cry1A.105*	苏云金芽孢杆菌亚种 *kumamotoensis*	通过选择性破坏鳞翅目昆虫的中肠内黏膜使该农作物具有对该类昆虫的抗虫性
3	*cry1Ab*	苏云金芽孢杆菌亚种 *kurstaki*	通过选择性地破坏鳞翅目昆虫的中肠内壁来赋予它们对鳞翅目昆虫的抵抗力
4	*cry1Ab*（截短）	苏云金芽孢杆菌亚种 *kumamotoensis* 的 Cry1Ab 合成形式	通过选择性破坏鳞翅目昆虫的中肠内黏膜使该农作物具有对该类昆虫的抗虫性
5	*cry1F*	苏云金芽孢杆菌变种 *aizawai*	通过选择性地破坏鳞翅目昆虫的中肠内壁来赋予它们对鳞翅目昆虫的抵抗力
6	*cry1Fa2*	来自苏云金芽孢杆菌变种 *aizawai* 的 *cry1F* 基因的合成形式	通过选择性地破坏鳞翅目昆虫的中肠内壁来赋予它们对鳞翅目昆虫的抵抗力
7	*cry2Ab2*	苏云金芽孢杆菌亚种 *kumamotoensis*	通过选择性破坏鳞翅目昆虫的中肠内黏膜使该农作物具有对该类昆虫的抗虫性
8	*cry2Ae*	苏云金芽孢杆菌亚种 *Dakota*	通过选择性地破坏鳞翅目昆虫的中肠内壁来赋予它们对鳞翅目昆虫的抵抗力
9	*cry34Ab1*	苏云金芽孢杆菌 PS149B1 菌株	通过选择性破坏鞘翅目昆虫的中肠内壁，赋予它们对鞘翅目昆虫特别是玉米根虫的抗性

续表

序号	基因名称	基因来源	功能
10	cry35Ab1	苏云金芽孢杆菌 PS149B1 菌株	通过选择性破坏鞘翅目昆虫的中肠内壁，赋予它们对鞘翅目昆虫特别是玉米根虫的抗性
11	cry3Bb1	苏云金芽孢杆菌亚种 kumamotoensis	通过选择性破坏鞘翅目昆虫尤其是玉米根虫的中肠内黏膜使该农作物具有对该类昆虫的抗虫性
12	ecry3.1Ab	来自苏云金芽孢杆菌的 cry3A 基因和 cry1Ab 基因的合成形式	通过选择性地破坏鞘翅目昆虫的中肠内壁来赋予它们对鞘翅目昆虫的抵抗力
13	mcry3A	来自苏云金芽孢杆菌亚种 tenebrionis 的 cry3A 基因的合成形式	通过选择性破坏鞘翅目昆虫的中肠内壁，赋予它们对鞘翅目昆虫特别是玉米根虫害虫的抗性
14	vip3A（a）	苏云金芽孢杆菌 AB88	通过选择性破坏鳞翅目昆虫的中肠以免受其蛀蚀
15	vip3Aa20	苏云金芽孢杆菌 AB88	通过选择性地破坏鳞翅目昆虫的中肠，赋予它们抵抗由鳞翅目昆虫造成的摄食损害的能力

2. 耐除草剂转基因玉米的应用

杂草是影响玉米产量的重要因素之一，玉米田间的杂草种类多，有130种以上。杂草会与玉米竞争土壤营养、水分和光照，从而影响玉米的产量；田间杂草会增加田间湿度，从而助长了病害的发生；杂草也会影响机械的田间操作。通过转基因技术培育耐除草剂玉米，配合使用适当的除草剂，可以大大减少人工除草需求，提高机械化种植效率，有效地扩大玉米种植面积，提高农民收益。

截至目前，商业化转基因玉米品种中应用的耐除草剂基因共计15种（表2-6），包括耐草甘膦、烟嘧磺隆、咪唑啉酮、草铵膦/草丁膦、2,4-D、稀禾定等类型。目前，商业化种植的主要是耐草甘膦的转基因玉米。草甘膦（Glyphosate）是一种广谱性除草剂，商品名为农达，是由孟山都公司在1970年研发的除草剂，目前在全世界160多个国家登记和使用，是农业生产中应用最广泛的除草剂。全球种植耐草甘膦玉米占世界总种植面积的 30% 以上。1998 年，第一个耐草甘膦的玉米转化体 GA21 获批在美国商业化种植；2000 年，孟山都公司推出第二代耐草甘膦玉米 NK603 获批在美国种植。

表 2-6　转基因玉米中耐除草剂基因的应用情况

序号	基因名称	基因来源	功能
1	*2mepsps*	玉米	降低对草甘膦的结合亲和力，从而提高对草甘膦除草剂的耐受性
2	*aad-1*	鞘氨醇杆菌的 *aad-1* 基因合成形式	通过侧链降解来解毒 2,4-D 除草剂，并降解芳氧苯氧丙酸酯除草剂的 R- 对映体
3	*bar*	吸水链霉菌	通过乙酰化作用消除草铵膦（草丁膦）除草剂的除草活性
4	*cp4epsps*（*aroA*：*CP4*）	土壤杆菌株 CP4	降低对草甘膦的结合亲和力，从而提高对草甘膦除草剂的耐受性
5	*dmo*	嗜麦芽寡养单胞菌菌株 DI-6	以麦草畏为底物，进行酶促反应，使农作物具有对麦草畏除草剂（2- 甲氧基 -3,6- 二氯苯甲酸）的耐受性
6	*epsps*（*Ag*）	球形节杆菌	赋予草甘膦除草剂的耐受性
7	*epsps grg23ace5*	合成基因；类似于土壤细菌球形节杆菌的 *epsps grg23* 基因	产生对草甘膦除草剂的耐受性
8	*ft_t*	食草鞘氨醇	提供对 2,4-D 和 FOPs 除草剂的耐受性
9	*gat4621*	地衣芽孢杆菌	催化失活草甘膦，具有对草甘膦除草剂的耐受性
10	*goxv247*	苍白杆菌株 LBAA	通过将草甘膦降解成氨基甲基膦酸（AMPA）和乙醛酸盐，产生对草甘膦除草剂的耐受性
11	*mepsps*	玉米	赋予对草甘膦除草剂的耐受性
12	*mo-pat*	绿色产色链霉菌	对除草剂草铵膦的耐受性
13	*pat*	绿色产色链霉菌	通过乙酰化消除草铵膦（膦丝菌素）除草剂的除草活性
14	*pat*（*syn*）	绿产色链霉菌菌株 Tu 494 的 *pat* 基因合成形式	通过乙酰化作用消除草铵膦（草丁膦）除草剂的除草活性
15	*zm-hra*	玉米	对乙酰乳酸合成酶抑制剂类除草剂如磺酰脲和咪唑啉酮具有耐受性

3. 耐旱转基因玉米

耐旱转基因玉米最早是由孟山都公司培育出来的 MON87460，能提高玉米对水资源的利用效率，降低干旱天气对玉米产量的影响。耐旱玉米 MON87460 中导入了来源于枯草芽孢杆菌（*Bacillus subtilis*）中的 *cspB* 基因，在人工控制的干旱环境下，转基因玉米较非转基因对照每亩增产 100 斤左右，产量增加 15% 以上。2011 年 12 月，美国农业部动植物卫生检疫局（APHIS）正式批准 MON87460 商业化种植，2012 年在美国西部干旱地区种植了 6 万亩耐旱玉米，2013 年种植面积增加到 30 万亩，2014 年达到 300 万亩以上。

而后通过将 MON87460 与其他转化体进行杂交，进一步获得了 MON87460×MON88017、MON89034×MON87460、MON87460×NK603、MON87460×MON89034×MON88017、MON87460×MON89034×NK603、MON87427×MON87460×MON89034×TC1507×MON87411×59122 6 个商业化品种。

- 转化体 MON87460 介绍

商品名称：Genuity® DroughtGard™

开发商：孟山都公司

性状引入方法：农杆菌介导的植物转化

转基因性状：干旱胁迫耐受性、抗生素抗性

商业性状：非生物胁迫耐受（单性状）

- 导入基因信息

导入基因	基因源	产物	功能
cspB	枯草芽孢杆菌	冷休克蛋白 B	干旱胁迫耐受性
nptII	大肠杆菌 Tn5 转座子	新霉素磷酸转移酶Ⅱ	新霉素和卡那霉素抗生素抗性，转基因植物的筛选

● 批准／授权情况（授权时间）

国家	食用或加工	饲用	种植
澳大利亚	2010 年		
巴西	2016 年	2016 年	
加拿大	2011 年	2010 年	2010 年
中国	2013 年首批、2016 年和 2018 年续批	2013 年首批、2016 年和 2018 年续批	
哥伦比亚	2011 年	2012 年	
欧盟	2015 年	2015 年	
印尼	2017 年		
日本	2011 年	2011 年	2012 年
墨西哥	2011 年		
新西兰	2010 年		
尼日利亚	2018 年	2018 年	
菲律宾	2012 年	2012 年	
新加坡	2015 年	2015 年	
韩国	2012 年	2011 年	
泰国	2013 年		
土耳其		2017 年	
美国	2010 年	2010 年	2011 年
越南	2015 年	2015 年	

4. 高赖氨酸含量的转基因玉米

玉米是饲料的主要原料，但缺乏单胃动物所必需的赖氨酸和色氨酸，因此玉米作为饲料时必须额外添加赖氨酸等必需氨基酸才能够满足畜禽的正常生长需要。

2005—2006 年，由荷兰 Renessen LLC 公司开发的高赖氨酸玉米 LY038 获得美国和加拿大批准和种植。LY038 中导入了来源于谷氨酸棒状杆菌（*Corynebacterium glutamicum*）基因 *cordapA*，该基因编码二氢吡啶二羧酸合酶（lysine-insensitive dihydropicolinate synthase，cDHDPS），是一

种在赖氨酸合成途径中的调控酶，对赖氨酸反馈抑制不敏感，进而提高玉米籽粒中赖氨酸的含量，弥补了玉米缺乏赖氨酸的不足。

而后通过将 LY038 与抗虫玉米 MON810 进行杂交，获得抗虫和高赖氨酸含量的复合转基因玉米品种 LY038×MON810。

- 转化体 LY038 介绍

商品名称：Mavera™ Maize

开发商：Renessen LLC（荷兰）

性状引入方法：基因枪介导的植物转化方法

转基因性状：增加酸赖氨酸的产量

商业性状：改善产品质量（单性状）

- 导入基因信息

导入基因	基因源	产物	功能
cordapA	谷氨酸棒状杆菌	二氢吡啶甲酸合酶	增加赖氨酸的含量

- 批准／授权情况（授权时间）

国家	食用或加工	饲用	种植
澳大利亚	2007 年		
加拿大	2006 年	2006 年	2006 年
哥伦比亚	2009 年	2008 年	
日本	2007 年	2007 年	2007 年
墨西哥	2007 年		
新西兰	2007 年		
美国	2005 年	2005 年	2006 年

5. 高植酸酶含量的转基因玉米

磷是动物不可缺少的营养元素，磷的缺乏会严重影响动物生长。作为牲畜饲料主要原料的玉米中富含磷元素，且大部分磷元素都是以植酸磷的形式存在的。植酸酶是能够将植酸磷水解，从而将其中的磷酸释放出来。然而，猪、鸡、鸭、鱼、虾等动物的消化道内缺乏植酸酶，因此无法有效地吸收利用玉米饲料中的植酸磷。因此，饲料工业还需另外添加磷酸氢钙到饲料中，以满足这些动物的生产需求。另外，这些无法吸收利用的植酸磷，会随着牲畜排泄的粪便进入环境中，从而引起水体的富营养化，需要额外花费人力物力来处理磷污染的水域。通过转基因技术培育高植酸酶含量的转基因玉米正好可以解决这一难题。

2009 年，由中国农业科学院生物技术研究所和奥瑞金公司合作开发的高植酸酶的转基因玉米转化体 BVLA430101，获得我国的生产应用安全证书，并在 2013 年获得续批准。BVLA430101 中引入了黑曲霉菌株中的 phyA2 基因，使植酸酶的表达量提高了 30 倍，能将种子中的植酸磷分解，用作饲料时提供动物需要的磷酸，并通过玉米植株根分泌到环境中，有利于环境的改善。

而后 Agrivida Inc. 公司研发了培育出高植酸酶转基因玉米转化体 PY203，并于 2021 年获得了美国食用、饲用和种植批准。

6. 高温淀粉酶的转基因玉米，提高乙醇产量

在美国等农业发达国家，部分玉米用作生物燃料来生产乙醇，加入石油中使用。对玉米淀粉进行水解是生产乙醇的第一步，生产过程中添加 α–淀粉酶进行低温蒸煮，可以减少生产酒精的燃煤用量，并且提高出酒率，酒精成品质量得到显著提高。

2007 年，先正达公司培育的含高温淀粉酶的转基因玉米 3272 获得了美国的食用和饲用批准，2008 年获得了澳大利亚、加拿大、墨西哥、新西兰等多个国家的批准。转基因玉米 3272 中导入了源自热球菌的耐热 α–淀粉酶合成基因 amy797E，该酶可以耐高温达 105℃左右，达到酒精生产工艺要求，从而省去了额外添加 α–淀粉酶过程。

而后，先正达公司通过杂交的方式，将含有耐高温淀粉酶的转基因玉米性状与抗虫、耐除草剂性状聚集到一起，培育出 3272×Bt11、3272×GA21、3272×MIR604、3272× MIR604×GA21、3272×Bt11×GA21、3272×Bt11×MIR604、3272×Bt11× MIR604 × GA21、3272×Bt11× MIR604×TC1507×5307×GA21、3272×Bt11×59122×MIR604×TC1507× GA21 9 个商业化应用品种。

- 转化体 3272 介绍

商品名称：Enogen™

开发商：先正达

性状引入方法：农杆菌介导的植物转化

转基因性状：修饰后的 α–淀粉酶、甘露糖代谢

商业性状：改良产品质量（单性状）

- 导入基因信息

导入基因	基因来源	产物	功能
amy797E	源自热球菌属的合成基因	耐热 α–淀粉酶	提高淀粉酶的热稳定性，有助于玉米生产酒精，来提高生物乙醇的产量
Pmi*	大肠杆菌	磷酸甘露糖异构酶（PMI）	代谢甘露糖，是植物转化过程的筛选基因

- 批准 / 授权情况（授权时间）

国家	食用或加工	饲用	种植
澳大利亚	2008 年		
巴西	2016 年	2016 年	
加拿大	2008 年	2008 年	2008 年
中国	2013 年、2018 年续批	2013 年、2018 年续批	
哥伦比亚	2016 年		
印度尼西亚	2011 年		
日本	2010 年	2010 年	2010 年

国家	食用或加工	饲用	种植
马来西亚	2016 年	2016 年	
墨西哥	2008 年		
新西兰	2008 年		
菲律宾	2008 年、2013 年、2018 年续批	2008 年、2013 年、2018 年续批	
俄罗斯	2010 年	2010 年	
新加坡	2018 年		
韩国	2011 年	2011 年	
美国	2007 年	2007 年	2011 年

而后，先正达公司通过杂交的方式，将含有耐高温淀粉酶的转基因玉米性状与抗虫、耐除草剂性状聚集到一起，培育出 3272×Bt11、3272×GA21、3272×MIR604、3272×MIR604×GA21、3272×Bt11×GA21、3272×Bt11×MIR604、103272×Bt11×MIR604×GA21、3272×Bt11×MIR604×TC1507×5307×GA21、3272×Bt11×59122×MIR604×TC1507×GA21 9 个商业化应用品种。

7. 雄性不育/花粉控制系统转基因玉米

杂种优势利用是现代育种十分重要的手段之一，即两个遗传组成不同的生物体杂交后得到的杂种一代在生长势、生活力、抗逆性、产量和品质等方面优于亲本。玉米是杂种优势利用育种的典范，其中关键的步骤就是要保证母本高纯度、及时去雄，以前主要通过人工去雄、机械去雄、化学杀雄等方式来给母本去雄，但是这些方法都存在一些问题，如果人工去雄不彻底或不及时，会降低杂交种的纯度，容易造成生产上大面积减产。因此，通过转基因技术培育雄性不育的转基因玉米用作母本来制种，能大大提高杂交种种子纯度，降低育种的人工成本。

拜耳作物科学公司率先研制出耐除草剂和雄性不育性状的转基因玉米

品种 MS3 和 MS6，其中导入了解淀粉芽孢杆菌的基因 *barnase*，它所产生的核糖核酸酶能干扰花药绒毡层细胞中核糖核酸的生成，从而导致转基因玉米 MS3 和 MS6 的雄性不育，用于玉米的育种。这两种玉米于 1996 年获得美国的批准，MS3 也获得了加拿大的批准。

1998 年，美国杜邦先锋公司研制出耐除草剂和雄性不育性状的转基因玉米品种 676、678 和 680，也获得了美国批准。

之后，杜邦先锋公司进一步研制出用于雄性不育制种的转基因玉米品种 DP32138，将育性恢复基因和种子筛选标记基因同时转入雄性不育玉米基因组，研制出能够生产非转基因雄性不育系的转基因株系。它克服了细胞质不育系恢复难和不育细胞质资源狭窄等缺点，是玉米雄性不育制种技术的重大突破。该技术使用的基因包括雄性不育恢复基因（*Ms45* 和 *Ms26*）、籽粒大小控制基因 *mn1*、标记基因（红色荧光蛋白基因 *DsRed2*）等。不仅提升了不育系产率，还增加花粉败育基因 *zm-aa1*。杜邦先锋公司利用该技术实现了核不育化制种。DP32138 于 2011 年获得美国批准，2015 年获得加拿大批准。

第三章 基因编辑技术在玉米中的应用

基因编辑是依赖于"分子剪刀"——序列特异核酸酶对基因组特定位点进行靶向修饰的一种基因工程技术。序列特异核酸酶又叫位点特异核酸酶（site-directed nulcleases，SDNs），是由能够特异性识别 DNA 序列的 DNA 结合结构域和核酸内切酶结构域组成的、能够特异性切割靶标 DNA。基因编辑作为生物技术的 2.0 版，可以在基因组水平上对靶标基因进行定点、定向、准确修饰，实现对目标性状的精准改良，被 *Science* 评为 2012 年、2013 年、2015 年和 2017 年度十大科学进展之一。以 CRISPR 为主导的基因编辑技术掀起了基因组编辑的浪潮，2020 年被授予诺贝尔化学奖，在植物育种领域具有广阔的前景，已成为美欧等发达国家相关研究机构和国际农业生物技术巨头公司新一轮的研发与投资重点，将对全球种业技术迭代升级与产业格局产生革命性影响，成为世界各国抢占未来种业科技战略制高点。

一、基因编辑技术的发展历程

基因编辑研究最早可以追溯到基因打靶（gene targeting），1985 年 Smithies 利用基因打靶技术将人工合成的人 β - 球蛋白基因片段定点靶向到哺乳动物细胞系的球蛋白基因座内并成功表达。1994 年，Rouet 等发现在基因组定点产生的 DNA 双链断裂可以显著提高该位点附近同源重组的频率，从而提高基因打靶的效率。因此，提高基因打靶效率的研究重心开始向开发基因组 DNA 定点剪切工具转移，并先后成功开发锌指蛋白核酸酶（ZFN）、类转录激活因子效应物核酸酶（TALENs）、CRISPR 系统等多种能够应用于动植物基因组定点编辑的工具。目前基因编辑技术经历了锌指蛋白核酸酶（Zinc Finger Nucleases，ZFN）、类转录激活因子效应物核酸酶（Transcription Activatior-like Effectornucleases，TALENs）及成簇规律间隔短回文重复序列关联基因（Clustered Regularly Interspaced Shortpalindromic Repeat-CRISPR associated，CRISPR/Cas）3 个发展阶段，3 种基因编辑技术都可以激发生物体内的 DNA 修复机制，实现基因定点插入、删除和突变的目的。

1. ZFNs 技术

1996 年，Kim 等首次利用 ZFN 实现了对 lanmuda- 噬菌体 DNA 特异序列的识别与切割。ZFNs 是人工改造的、最早应用于基因组定向修饰的位点特异性核酸内切酶，包含锌指蛋白（Zinc Finger Protein，ZFP）DNA 结合结构域和核酸内切酶 Fok I 的 DNA 切割结构域两部分。DNA 结合结构域由一系列串联的具有 Cys2-His2 结构的锌指蛋白构成，每个锌指蛋白识别并结合一个特异的碱基三联体，结合域能识别一段 9 ～ 12 bp 的碱基序列。在基因组靶标位点左右两边各设计 1 个 ZFN，识别结构域会将 2 个 ZFN 结合到特定靶点，当 2 个识别位点间距为 6 ～ 8 bp 时，2 个 Fok I 单体相互作用形成二聚体，行使酶切功能对目标 DNA 双链进行切割，实现基因组编辑（彩图 3-1）。ZFN 技术具有专利垄断、靶点选择受限、设计困难、脱靶严重等缺点。

2. TALENs 技术

TALENs 也是一种核酸酶介导的基因组编辑技术，该技术被评为 2012 年十大科学进展之一。TALENs 是由类转录激活因子效应物（Transcription

Activator-like Effector，TALE）的 DNA 结合结构域与核酸内切酶 Fok I 的 DNA 切割结构域融合而成。TALE 蛋白的 DNA 结合域负责特异性识别靶序列，Fok I 负责对靶位点进行切割。TALE 的 DNA 结合域由 13～28 个重复单元串联组成，该重复单元通常由 34 个氨基酸组成，每个重复单元识别一个碱基，TALE 蛋白通过这种"一个重复单位一个核苷酸"的识别密码方式特异识别并结合 DNA，根据靶位点两侧的序列设计一对 TALEN，结合到对应的识别位点后，两个 Fok I 单体相互作用形成二聚体，对靶位点进行剪切，实现基因组编辑的目的。TALENs 可以靶定任意目标序列，比 ZFN 便宜、快捷、灵活，但构建烦琐、验证困难，序列高度同源重组概率高，结构不稳定。

3. CRISPR/Cas 技术

CRISPR/Cas9 技术是继 ZFNs 和 TALENs 技术之后出现的基因组编辑技术，2013 年被 *Science* 作为 SSNs 技术的新星列入年度十大科学进展。CRISPR/Cas 系统是一种 RNA 介导的获得性免疫系统，被发现存在于许多细菌和大多数古生菌中，以消灭外来的质粒或者噬菌体。该系统由 CRISPR（Clustered Regulatory Interspaced Short Palindromic Repeats）序列与关联蛋白（CRISPR-associated protein，Cas）组成，CRISPR 由一系列高度保守的重复序列（repeat）与间隔序列（spacer）相间排列组成，在其附近为高度保守的 *Cas* 基因，关联蛋白具有核酸酶功能，可以对 DNA 序列进行特异性切割。根据 Cas 蛋白核心元件序列的不同，CRISPR/Cas 系统被分为 I 型、II 型和 III 型 3 种类型，其中 II 型系统只需要 1 个 Cas9 蛋白即可完成切割，人们将 II 型系统进行改造，使之用于基因组编辑，称为 CRISPR/Cas9 系统。该系统仅由 Cas9 蛋白与向导 RNA（small-guide RNA，sgRNA）构成，通过 sgRNA 与靶序列 DNA 的碱基配对，将 Cas9 蛋白与 sgRNA 结合形成的 RNA- 蛋白质复合体招募至靶位点，完成切割，使 DNA 双链断裂，再利用 NHEJ（Non-Homologous End Joining）或 HDR 对 DNA 进行修复或者碱基插入、敲除、替换等突变（彩图 3-2）。Cas9 蛋白不需要形成蛋白二聚体起作用，而向导 RNA（guide RNA，gRNA）通过碱基互补配对决定靶序列的特异性。因此，CRISPR/Cas9 系统大大降低了技术门槛，一经面世就迅速得到广泛应用。

4. 基于 CRISPR/Cas9 发展的基因编辑技术

继 CRISPR/Cas9 之后，科学家们又开发了一系列的新型 Cas 蛋白体系和碱基编辑器，包括各类物种来源的 Cas9、Cas12a、Cas12b 等。如 Cas12a 也被称作 Cpf1，是一种新兴的 RNA 引导的核酸内切酶系统，依赖于富含胸腺嘧啶的原生间隔邻近基序（PAM）进行 DNA 靶向。Cas12a 蛋白小，只需要一个 42nt 的 crRNA 即可切割双链 DNA，裂解产生的为黏性末端，从而提高了基于 NHEJ 修复途径的基因插入效率，有利于多靶点编辑系统和多载体编辑系统的应用。2016 年以来，研究人员通过对 CRISPR/Cas9 系统进行改造，开发出单碱基编辑器、双碱基编辑器、先导编辑器等多种碱基编辑技术，实现了从切割 DNA 到改写特定碱基，打开了精准基因组编辑的大门。如单碱基编辑器 CBE 在不产生双链断裂（DSB）和没有供体 DNA 提供模板的情况下，也不依赖细胞天然的修复机制 HDR 和 NHEJ，直接在目标位点上进行单个碱基的精确替换。CBE 由一个带有 D10A 突变的 Cas9 酶（nCas9）、胞苷脱氨酶和尿嘧啶 DNA 糖基化酶抑制剂（UGI）组成，D10A 是通过 Cas9 核酸酶两个结构域中的 RuvC 结构域失活突变而来，在 sgRNA 的引导下，胞苷脱氨酶将非靶链上的胞苷脱氨成尿苷，当 nCas9（D10A）诱导目标链上产生一个缺口时，DNA 错配修复途径（或其他 DNA 修复途径）被激活，并倾向于将 U：G 错配转化为所需的 U：A 配对，并在 DNA 复制后生成 T：A 产物，从而产生 C 到 T 的碱基替换（彩图 3-3）。

二、基因编辑技术在玉米中的应用

1. 基因编辑糯玉米

支链淀粉在食品及工业原料中应用广泛，主要应用于食品、纺织、造纸、黏合剂、铸造、建筑、石油钻井和制药业等众多部门。以支链淀粉籽粒玉米（蜡质玉米）为原料加工生产变性淀粉可大大降低成本，市场价值巨大。

玉米蜡质基因（Wx，也称为 $Wx1$）编码一种颗粒结合的 NDP- 葡萄糖 – 淀粉葡萄糖基转移酶，该酶负责延长直链淀粉中葡萄糖聚合物的线性链。野生型（WT）种子淀粉由大约 25% 的直链淀粉和大约 75% 的支链淀粉组成，而失去功能的 wx 突变体种子淀粉是大约 100% 的支链淀粉，成为糯玉米。糯玉米可以通过回交将 wx 突变等位基因渗入优良的近交系培育，一般需要 6 ～ 7 代的回交和自交才能获得，而且产量一般会降低 5%。科迪华公司利用 CRISPR/Cas 系统，获得了 wax 基因缺失 4 kb 或 6 kb 的优良自交系。分析表明，基因编辑获得的糯玉米（CRISPR wx–d1）与杂交选育获得的品种（TI–wx）具有相同的蜡质表型。多地点评估了携带 $TI–wx$ 等位基因或 $CRISPR wx–d1$ 等位基因的玉米杂交种的田间表现，与 TI–wx 杂交体相比，CRISPR–wx 杂种都表现出与 TI–wx 杂种相当或产量增加（0.3+12.9 bu AC 1），而且株高、穗高、开花时间、持绿性和谷粒湿度等性状没有明显差异。经咨询，此 CRISPR/Cas 技术研发的糯玉米品种不受美国农业部监管。

中国农业科学院作物科学研究所利用基因编辑针对颗粒淀粉结合酶 I（$GBSS I$）基因进行编辑，创制了籽粒支链淀粉含量几乎 100% 的糯性玉米材料，同时完成了数十个优良商业化品种（系）的改良工作，提高了高支链淀粉籽粒玉米育种效率，具有重要的商业价值。

2. 抗北方叶枯病基因编辑玉米

北方叶枯病是由半生物营养真菌病原体玉米大斑病菌（*Exserohilum turcicum*，以前称为 *Helminthosporium turcicum*）引起的真菌病害，患病植株叶片会出现绿灰色病斑，如不及时防治会造成玉米产量下降，甚至颗粒无收。研究发现，对病原特定小种的抗性可以由某些天然抗病玉米基因控制，如 *Ht1*、*Ht2*、*Ht3*、*Htm1*、*Htn1*、*Htn*、*HtP* 等。*NLB18* 基因为细胞壁相关激酶（WAK）基因的变体，来自玉米自交系 PH26N 和 PH99N。*WAK* 基因广泛存在于玉米中，是编码参与病原体识别和细胞信号传导的跨膜蛋白。Hurni 等（2015）发现玉米中的 HtN/Htn1 序列与 PH99N/NLB18 与具有 100% 的氨基酸同一性。杜邦先锋设计了 2 个指导 RNA，一个指导 RNA 与 *NLB18* 基因启动子区中突变转录起始位点上游的序列同源，另一个指导 RNA 与 *NLB18* 基因 3' UTR（非翻译区）中的序列同源，利用 CRISPR/Cas 基因系统实现了删除掉目标基因型中的 *NLB18* 敏感等位基因，同时用来自抗病玉米基因型的 *NLB18* 抗性等位基因进行基因修复获得了抗北方叶枯病的基因编辑玉米。基因编辑玉米中，在其天然基因组位置含有 *NLB18* 基因的 *NLB* 抗性等位基因，取代了 *NLB18* 基因的 *NLB* 敏感性等位基因。

3. 基因编辑耐旱玉米

玉米 *ARGOS8* 基因是植物乙烯反应的负调控因子。已有研究发现，过表达 *ARGOS8* 的转基因植物在干旱胁迫条件下，表现出对乙烯的敏感性减弱，产量提高。杜邦先锋公司的研究团队利用 CRISPR/Cas9 基因编辑技术将 *ARGOS8* 基因的启动子替换为组成型中等表达的玉米 GOS2 启动子，实验结果表明，由 GOS2 启动子启动 *ARGOS8* 基因表达的株系籽粒产量受干旱胁迫的影响减弱。这是由于玉米中 *ARGOS8* 编码的产物负调控乙烯的信号转导，增加 *ARGOS8* 基因表达导致基因编辑后的玉米耐旱性增强。

4. 玉米单倍体诱导系

单倍体育种技术能加快自交系选育进程，缩短育种年限，显著提高育种效率。自从 Coe 发现玉米孤雌生殖诱导系 Stock6 以来，育种家们已经利用 Stock6 作父本诱导了大量母本单倍体，从而使玉米单倍体育种逐步开展起来。目前国内外种子公司和育种单位都在广泛利用该技术，是玉米遗传育种领域关键核心技术。

研究者利用基因编辑创制了高效的玉米单倍体诱导系，并开发了基于颜色识别的高效单倍体筛选技术。它的技术原理是首先利用 CRISPR/Cas9 技术突变 MATL 基因，MATL 是一个花粉特异性磷脂酶（pollen-specific phospholipase），隐性突变的 MATL 基因可以触发单子叶植物合子中父本染色体的消除，从而诱导单倍体植物的产生；同时通过 CRISPR/Cas 技术敲除目标基因获得优良性状的植株，用含有 Cas9 表达盒的具有优良性状的植株作为父本与单倍体诱导系杂交，使得单倍体诱导系携带有整套的 Cas9 表达盒，利用含有 Cas9 表达盒的诱导系作为父本与自交系母本进行杂交，从而获得编辑后的单倍体植株，在自然状态下恢复成二倍体，最终获得编辑的纯合的具有优良性状且不含有 Cas9 表达盒的植株（彩图3-4）。与传统育种方式相比节约 4 ~ 6 代育种周期，具有显著的技术优势。基因编辑技术可以快速创制单倍体诱导系，应用于双单倍体育种，选育纯合亲本的速率从 8 年缩短至 1 年。基因编辑技术仍需遗传转化，目前多数主流商业化品种（系）无法现实遗传转化，严重限制了基因编辑商业化育种中的应用。单倍体诱导联合基因编辑可快速以主栽品种为受体，实现无须遗传转化的快速基因编辑，为主栽品种的基因编辑技术遗传改良提供了高效技术途径。

5. 玉米基因编辑"一步法"创制第三代杂交种制种技术

尽管过去几十年中，杂交技术已让全世界作物产量显著提高，但这些方法对植物的基因型有非常特殊的要求，因而建立稳定的不育和可育品种及后续的生产维护都过程烦琐，且费时费力。为了解决杂交技术中的难点，谢传晓等利用 CRISPR/Cas9 的新系统简化了杂交育种的流程，仅需一步就可以创制不育系和保持系，并同时解决了不育基因导入和不育株筛选的问题。在此技术中，研究者首先构建了两个载体：一个用来构建创制雄性不育系，用来创制保持系。MS26ΔE5-Editor 载体具有基因编辑活性，用于创制雄性不育。通过剪掉玉米中育性基因 *MS26* 的一小段，使 *MS26* 基因失去功能，让玉米雄性不育。而 MGM 载体则用于创制保持系，包括 3 个基因，一个用来恢复 MS26 的功能，另一个是能导致花粉失去活性的酶，还有一个会让玉米粒发出红色荧光。最终，经过处理的玉米胚胎将携带两个被剪切的 MS26 和一个 MGM 拷贝（图 3-1）。在杂交体系中，使用不育系作为母本，就可以与其他父本优势种杂交获得杂交种。而使用保持系自交时，由于 MGM 上携带的花粉淀粉酶基因会造成花粉败育，因此只有不携带 MGM 的花粉可以作为雄配子，雌配子则一半携带 MGM，一半不携带 MGM，最终产生一半不育系和一半保持系。由于 MGM 上的荧光基因，保持系的玉米籽粒会发出荧光。实验证明，不管是人工和机器方法都可以有效区分不育系和保持系籽粒的荧光，以便筛选。

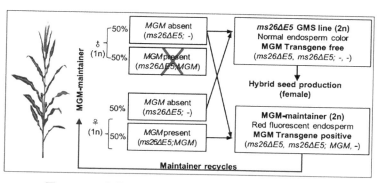

图 3-1 玉米基因编辑"一步法"创制杂交种制种技术

三、基因编辑技术未来发展趋势

1. 已成为生物种业竞争的战略制高点

基因编辑技术可以实现目标基因的定点插入、删除和替换等精确改造，具有高效、可控和定向操作的特点，多次被 *Science* 评为十大科学进展之一。随着技术研发的深入，基因编辑技术优势不断凸显，并逐渐转化为产业优势，比传统育种技术简单、高效、精确，将颠覆传统育种模式，在动植物育种领域显示了广阔的前景，对全球种业产生革命性影响，因此，在技术制高点的竞争格外激烈，已成为美欧等发达国家相关研究机构和国际农业生物技术巨头公司新一轮的研发与投资重点。孟山都、拜耳、杜邦等国际种业巨头纷纷在该领域投入大量研究资金，希望借此把控未来种业市场主导权，其中孟山都公司发展势头最为强劲。2017 年孟山都宣布与哈佛大学 – 麻省理工学院的 Broad 研究院就新型的 CRISPR/Cpf1 基因组编辑技术在农业中的应用达成全球许可协议。新的 CRISPR/Cpf1 系统与 CRISPR/Cas9 系统相比，在改善农业产品方面具有更多优点，例如编辑方式以及编辑发生位点更加灵活；CRISPR/Cpf1 系统体积更小，能够更加灵活地运用于多种作物。CRISPR/Cpf1 系统的专利独立于 CRISPR/Cas 专利，这个新的系统将为孟山都在基因编辑这个迅速发展的科学领域提供另一个更有价值的工具。2017 年 8 月，孟山都宣布和 ToolGen 公司就 CRISPR 技术平台在农业领域的应用达成全球许可协议。ToolGen 是一家专注于基因编辑的生物技术公司。上述许可协议的签署，授权孟山都在植物应用领域使用 ToolGen 全套 CRISPR 知识产权保护技术。2016 年底以来，孟山都公司还与美国陶氏益农公司开展合作，利用其 *EXZACT* 精准基因组修饰专利技术开展新产品研发；与以色列 Target–Gene Biotechnologies 公司合作，利用基因编辑技术开发杀死害虫的新型产品，进而增强玉米、大豆等主要作物抵御害虫的能力。

2. 将成为国际作物遗传改良的关键技术

利用 CRISPR 系统介导的基因编辑进行农作物改良的研发主要分为
3 种类型：① SDN1 型基因编辑作物，编辑过程中通过非同源性末端连
接方法进行修复，从而导致位点特异性的突变，包括点突变、少量几个
碱基插入或缺失，该过程不涉及修复模板，产品中不引入任何外源基因；
② SDN2 型基因编辑作物，编辑过程中需要同源修复模板（与靶标位点序
列只存在 1 个到几个碱基序列差异），通过同源重组途径进行修复，导致
基因组 1 个到几个碱基突变（＜ 20 bp）；③ SDN3 型基因编辑作物，外
源 DNA 两端序列与靶标位点两侧序列同源，编辑过程中产生位点特异
性的断裂后，通过 HR 修复途径，使外源 DNA 定点插入基因组中。因
CRISPR/Cas9 发现和鉴定较早，开展靶标基因定点敲除技术相对成熟，在
现有报道中最多。目前，利用 CRISPR/Cas9 介导的基因编辑技术进行基
因定点突变，已经获得水稻、玉米、大豆和小麦等作物基因敲除突变体，
为快速改良植物重要性状提供了有效工具。通过 nCas9 与脱氨酶融合方
式，相继在拟南芥、小麦、玉米和番茄中实现了单碱基定点替换。

3. 将深刻改变世界种业发展格局

基因编辑技术将颠覆传统育种模式，对全球种业产生革命性影响。目
前，世界各国和跨国生物种业正在投入巨资布局基因编辑产品商业化。
2018 年 2 月美国政府问责办公室（GAO）发布的《2018—2023 年战略
计划》中将基因编辑列为 5 个推动颠覆性技术革命潜力的技术之一，并
提出要对这些技术给予长期的持续投资。俄罗斯计划耗资 17 亿美元开发
30 种基因编辑动植物品种（到 2020 年创造 10 种，到 2027 年又增加 20
种）。种业巨头孟山都、杜邦先锋、先正达、陶氏益农、拜耳农业、巴斯
夫等相继成立了自己的基因组编辑研发中心，重点开展基因组编辑基因

技术研发和相关农产品培育。而最近孟山都与健康产业投资机构 Deerfield Management 日前联合投资了作物基因组编辑创业公司 Pairwise Plants，争取利用基因编辑技术开发有重要经济价值的农业产品，借此把控未来种业市场主导权。美国对基因组编辑产品的拥抱政策也极大地加快了相关成果在美国市场的转化，目前陶氏公司的耐除草剂磷高效玉米、Cellectis 公司的耐低温储存土豆和高油酸大豆等逐步进入到了市场化阶段。基因编辑技术的加速应用，为植物育种带来革命性的变化，将深刻改变世界种业发展格局。

第四章 基因编辑玉米的知识产权分析

目前，全球利用 CRISPR/Cas 基因编辑技术已创制出高产、优质、株型、花期、智能不育系、单倍体诱导系、抗病和抗逆等性状的多种玉米新种质材料，糯玉米、高油酸大豆、高 GABA 番茄、抗褐变的马铃薯和蘑菇等基因编辑农产品在美国和日本等国家上市推广。全球主要的种业公司、顶尖的研究机构对基因编辑技术与产品进行了专利保护与全球布局。

2022 年 1 月，我国农业农村部发布的《农业用基因编辑植物安全评价指南（试行）》规范了农作物基因编辑产品的创制流程与安全评价管理，为农作物基因编辑研发与应用制定了明确的法规制度，将促进基因编辑产品的研发与产业化进程，保障农业生产的可持续化发展。从专利保护的角度对全球基因编辑玉米领域进行分析，我国相关科学研究的高校、科研单位、种业企业未来布局玉米基因编辑领域的研发、参与全球产业竞争，以及对相关的国家政策与宏观规划的制定提供信息支持。

一、基因编辑玉米研究进展迅速

通过智慧芽全球专利库检索：https://analytics.zhihuiya.com 搜索查询，从 2015 年至 2022 年 3 月，已有 184 项专利涉及 CRISPR/Cas 技术在玉米功能基因挖掘与新种质资源创制的研究，将同一专利内容在不同国家地区的布局视为一个专利，得到 123 项不同专利。从每年的专利数目来看，相关的研究经历了探索期和迅速发展期。2015—2018 年是探索期，每年专利数都不超过 10 项。2019 年以后，进入了基因编辑玉米研发的快速发展期，每年申请专利超过 20 项，特别是 2021 年达到 48 项，占累计总数的 40.33%（图 4-1）。在 123 项专利中，由中国科研院校研发的有 104 项，占总数的 84.55%。特别是在玉米关键性状优良基因利用与智能杂交育种技术等方面取得了原创性的重大突破。如中国农业大学的 *Maize gene zmravl1 and functional site and use thereof* 通过基因编辑 ZmRAVL1 创制了株型紧凑、适于密植增产的玉米新种质材料；中国农业科学院作物科学研究所的《人工创制玉米雄性不育系与高效的转育方法》为玉米第三代雄性不育系的创制和杂种优势利用开辟了新途径。这些成果标志着我国在玉米基因编辑领域的研发与应用处于世界前列，开启了玉米新种质资源创制与品种改良的新时代。

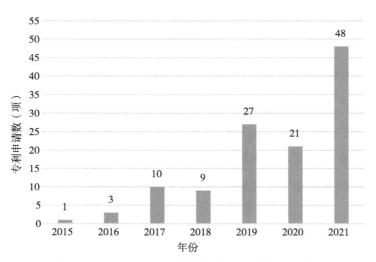

图 4-1　2015—2021 年基因编辑玉米研发的专利数

二、优良靶标基因的挖掘是种质资源创制的关键

利用基因编辑技术改良农作物性状，首先要了解控制目标性状的关键基因的功能特性与分子调控机制，选择理想靶标基因是精准定向创制目标种质资源的关键环节。我们对 123 项专利涉及的 123 个玉米基因进行蛋白功能特性分析，其中编码 CCT、SBP、bZIP、bHLH 和 TAG 等家族转录因子的基因 43 个，占总数的 34.96%。编码调节蛋白（蛋白激酶、钙结合蛋白、蛋白磷酸酶、组蛋白乙酰转移酶、激素肽、受体蛋白、PcG 蛋白、DELLA 蛋白和光敏色素 C 等）基因 20 个（16.26%）。研究表明，转录因子和调节蛋白通过调控大量下游基因表达，参与植物生长发育和逆境应答反应，是基因编辑技术创制种质资源的理想靶标基因。编码酶蛋白（如淀粉合成酶、半乳糖氧化酶、二氢黄酮醇 -4- 还原酶、脂氧合酶、赤霉素氧化酶、乙酰乳酸合成酶、甲硫氨酸合酶、氨基酸和细胞色素氧化酶等）基因 30 个（24.39%），它们参与特异物质和激素的合成或代谢、细胞信号传导与氧化还原稳态等过程，调控玉米品质、雄性不育、花期、株型和抗逆性等性状的形成。蛋白修饰酶（蛋白质 S- 酰基转移酶、F-box 蛋白和 E3 连接酶等）基因 6 个，调节体内特异蛋白质活性、稳定性与功能的发挥；此外，编码转运蛋白（ATP 结合盒转运体、苹果酸转运体、ABCG 型转运蛋白家族、硫酸盐转运蛋白等）、其他功能蛋白（鸟苷二磷酸解离抑制因子、膜蛋白、PPR 蛋白、醇溶蛋白、质体核糖体装配因子、糖蛋白和质体核糖体装配因子等）和未知功能蛋白的基因分别有 5 个、14 个和 4 个，分别参与多种生理生化过程和农艺性状的形成。总之，不同功能的靶标基因的选择是基因编辑技术创制优良种质资源的核心环节（图 4-2）。

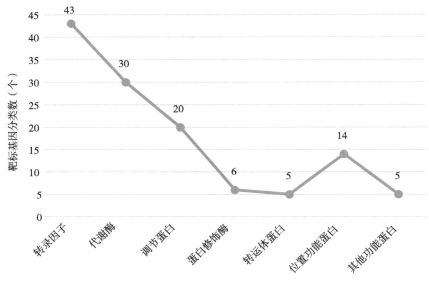

图 4-2　靶标基因的蛋白功能

三、高效精准定向实现目标性状的协同改良

遗传变异是作物性状遗传改良的基础，农作物育种的目标是利用多种优良遗传变异资源，提高农作物产量、品质、耐逆性和抗病虫害等农艺性状。基因组编辑技术能对目标性状关键基因进行定点修饰，从而实现多种预期目标性状的快速叠加，为农作物高效精准育种开启了新的革命。这123 项专利涉及基因产量、营养品质、株型、花期、育性、抗病和抗逆等性状的遗传改良。由于有些专利涉及 2 个或多个性状的叠加，性状分析的专利总和超过 123 项（图 4-3）。

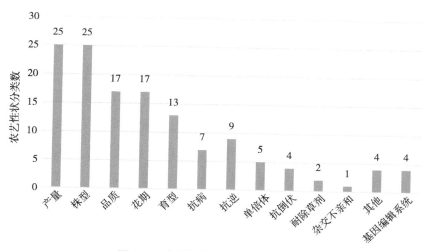

图 4-3　专利涉及多种玉米性状改良

1. 产量

　　玉米高产始终是育种家的首选目标，传统育种方法提高玉米产量成效有限，而利用基因编辑技术提高产量展示出得天独厚的优势。已有 25 项专利涉及玉米产量性状的改良，占总专利数的 20.33%。玉米产量主要由有效果穗数、穗粒数和百粒重等遗传因子和环境因素决定，对控制这些性状的关键基因进行编辑能有效提高玉米的产量。如对 ZmRLK7、ZmEREB102、ZmCEP1、UB2、UB3、ZmCO2 和 GT1 等基因编辑，能增加百粒重、穗粒数和穗数，从而提高玉米产量。高密度种植是生产上提高玉米产量的重要途径之一。玉米密植与品种的株高、叶片数量以及叶夹角等株型性状密切相关，如直立叶有助于维持高密度下的光合作用和籽粒灌浆，提高群体产量。对控制叶夹角的基因 LG1 和 ZmRAVL1 进行编辑创制，可使株型紧凑，增加群体产量。因此，基因编辑技术为精准定向创制高产种质资源提供了新途径。

2. 营养品质

全球数百万人正面临着严峻威胁，即谷物食品中的基本营养素缺乏而引起的营养不良。如何提高玉米籽粒的蛋白质、碳水化合物、脂肪酸、必需氨基酸、维生素等营养品质含量成为玉米育种的新挑战。近年来，利用基因编辑技术进行玉米品质性状关键基因的挖掘和新种质资源创制方面取得了一系列的进展。已有25项专利（20.33%）涉及通过对编码代谢关键的酶（颗粒结合型淀粉合成酶、淀粉合酶、淀粉分支酶、谷氨酸亚胺甲基转移酶和甜菜碱醛脱氢酶）、功能蛋白（PPR蛋白、醇溶蛋白20S蛋白酶体亚基）和转录因子的基因进行编辑，创制了糯性、香味、氨基酸含量、油脂和叶酸含量、淀粉组成与含量等性状改良的新种质资源。人体需要的维生素和矿物质缺乏的"隐性饥饿"是造成糖尿病、心血管疾病、癌症和肥胖症等慢性疾病与亚健康的主要根源，生物技术育种是提高农作物微量营养素含量和解决育性饥饿的有效策略。如对 *ZmGFT1* 实施基因敲除显著提高玉米中5-甲基四氢叶酸含量，为通过营养强化缓解人类在叶酸营养方面的隐形饥饿问题开辟了新途径。此外，糯性是农作物的重要品质性状，对玉米 *Waxy1* 进行编辑获得直链淀粉和支链淀粉含量适中、口感较好的种质材料，满足人们对优质玉米的需求。这些研发为玉米营养品质的精准改良提供了重要的理论依据和策略。

3. 雄性不育系

杂种优势利用是提高作物产量的有效途径，在玉米的高产、优质和抗逆性育种生产中应用最为成功。雄性不育系的培育和维持是杂种优势利用的重要前提，可以免除人工去雄、降低制种成本、提高制种纯度和产量，具有非常重要的应用前景。目前生产上使用的不育系存在易感病、育性不稳定和创制过程极为复杂等限制，新的雄性不育系创制与应用是玉米生产的重要发展方向。目前对玉米雄性不育基因的克隆与功能的研究还很有限，因此，优良雄性不育基因的挖掘是创制不育系材料的关键前提。基因编辑技术为新的雄性基因挖掘与不育系的创制提供了新的技术途径。近年来，利用基因编辑技术鉴定出多种玉米雄性不育基因，主要编码转录因子、代谢关键酶和其他蛋白，并创制了一系列新的不育系材料。已有 13 项（10.57%）涉及玉米育性相关基因的挖掘与不育系新材料的创制，靶标基因主要是编码转录因子和细胞色素氧化酶。如基于基因编辑技术发展了一步法创制雄性核不育系并筛选得到配套保持系的简易方法——人工创制玉米雄性不育系与高效的转育方法，解决了传统农作物育种技术无法克服的难题，将助推第三代作物杂交育种技术的发展和产业化应用。因此，基因编辑技术为挖掘玉米雄性不育基因、创制雄性不育系和杂种优势利用开辟新的天地。

4. 抗逆耐除草剂

干旱、高温、低温、水淹、病虫害、土壤盐碱度等环境胁迫严重影响玉米的产量和品质，因此，玉米产量的遗传改良与耐逆性增强密切相关（Malenica et al.，2021）。植物耐逆性是多基因控制的数量性状，生物技术育种是提高玉米对生物胁迫和非生物耐性的必然选择。近年来，利用基因编辑技术鉴定出多个控制胁迫反应的关键基因，并创制了响应耐逆性增强的玉米种质材料。123 项专利中，有 7 项专利涉及玉米抗北方枯萎病、抗粗缩病、抗穗粒腐病、抗茎腐病和抗纹枯病的改良，如对 *Ht1*、*NLB18*、*ZmSIZ1a*、*ZmSIZ1b*、*ZmFhb1* 和 *m00001d010255* 等基因进行编辑，获得了对不同病害有抗性的玉米新材料。在非生物胁迫方面，有 7 项专利对 *PP84*、*CPK2*、*AL14*、*ZmbZIP68* 和 *ZmAAPa* 等基因进行编辑创制了对干旱、低温和高温耐性增强的玉米种质材料。这些研究表明，利用基因编辑技术创制耐逆性增强的新材料具有广阔的应用前景。

随着玉米集约化和机械化生产程度的提高，施用除草剂是去除杂草的主要措施，既能减轻劳动强度，操作方便及时、效果好，还有利于农民增产增收。全球耐除草剂农作物的研发与应用竞争激烈，2019 年全球耐除草剂转基因作物占转基因作物种植面积的 88%，表明耐除草剂转基因作物的商业化市场巨大。目前主要是通过人工诱变及突变体筛选、转入外源抗性基因和基因编辑修饰内源基因等获得耐除草剂的新材料。近年来，两项专利报道通过对玉米乙酰乳酸合成酶（ALS1，ALS2）和 5- 烯醇丙酮酸莽草酸 -3- 磷酸合成酶（EPSPS）基因进行编辑，获得了耐除草剂的新材料，生产上具有很好的应用前景，因此，挖掘耐除草剂的关键基因并创制耐除草剂的玉米新种质材料具有巨大的生产价值。

5. 株型

株型是影响玉米产量的重要因素，紧凑、合理的株型是耐密高产玉米品种的形态学基础。矮秆玉米株型紧凑、抗倒伏性能好、光能利用率高，适合高密度种植，有助于群体产量的提高。已有 25 项（20.33%）专利通过对控制玉米株高和叶夹角等性状的关键基因进行编辑，获得了一系列理想株型的新材料。玉米取决于茎秆节数和各节间长度，植物激素和转录因子在玉米株高调控过程中发挥重要的作用。如对控制赤霉素合成或代谢的关键基因（如 *ZmGA20ox3*、*ZmGA20ox5*、*ZmGA2ox3* 和 *ZmGA3ox1* 等）或 *Zm-BR1* 和 *ZmPIF3s* 转录因子基因等进行编辑，获得矮秆的种质资源。叶夹角是决定玉米植株紧凑程度的主要性状，直接影响玉米群体冠层截光能力和光能利用率，最终影响群体产量。利用基因编辑技术对 *ZmRAVL1* 进行编辑，获得叶夹角减小、株型紧凑的优良材料，田间产量提高 12% 以上。这些研究表明利用基因编辑技术可快速产生矮秆或株型紧凑的新种质材料，为培育耐密高产玉米品种提供了优良的靶标基因和改良策略。

6. 花期

开花是作物从营养生长到生殖生长转变和适应环境变化的重要性状。

花期是多基因控制的数量性状，与叶片数量、产量、营养品质和抗逆性等性状息息相关，目前已从玉米中鉴定出多个控制花期的关键基因，为CRISPR/Cas 技术创制适合不同生态区的玉米种质资源提供理论依据。已有 17 项（13.82%）专利通过对控制玉米花期的关键基因（分别编码转录因子、编码蓝光受体蛋白、光敏色素 C、组蛋白乙酰转移酶和转运体蛋白等）进行编辑，获得了一系列花期改变的玉米新材料，为精准定向培育适合不同生态环境的玉米新品种提供了基因资源和改良策略。

7. 单倍体诱导

玉米常规的杂交育种周期长，单倍体育种技术可以加速品种遗传改良的育种进程，其快速、高效、可操作性强等特点成为玉米选系与生产规模化的关键核心技术，促进了玉米育种技术的变革，具有巨大的商业价值和育种应用前景，成为现代化玉米育种三大核心技术之一。但目前单倍体诱导遗传机理不清，高频诱导系选育甚为困难。近年来，利用基因编辑技术挖掘单倍体诱导新基因及其分子调控机理解析与人工定向精准选育新型高诱导率等方面开辟了新的途径。已有 5 项专利报道了通过对花粉特异性磷脂酶基因 *ZmPLD3*、*ZmDMP* 和 *ZmPLA1* 进行基因编辑，获得多种具有诱导单倍体的能力突变体，为创制玉米单倍体诱导材料提供了新的策略。这些表明基因编辑技术将为创制玉米单倍体材料带来新的机遇和广阔的应用前景。

8. 其他性状

亲和性是物种进化和形成的生物学基础，决定植物种群的多样性和稳定性。最近利用基因编辑技术对 *ZmGa1S* 编辑获得了杂交亲和的玉米新材料。玉米的倒伏与高产的矛盾越来越突出，严重影响着玉米产量形成，通过对玉米 *Stiff1* 进行基因敲除，突变体的茎秆弯曲强度以及纤维素和木质素含量增加，从而提高植株的抗倒伏性，为玉米抗倒伏育种提供了新的种质资源与改良途径。玉米根系对养分和水分的吸收与利用、多种生理活性物质的合成和固定植株抗倒伏等方面具有重要的作用。对玉米 *ZmELF3.1* 进行基因编辑，获得了气生根层数和数量增加的新材料；敲除 *ZmSBP20*、*ZmSBP25* 和 *ZmSBP27* 基因创制了冠根发育早和气生根层数增加的种质材料，这些研究对玉米根系的遗传改良与新种质资源的创制提供了理论依据与技术策略。此外，基因敲除玉米 *PCD2C* 基因获得了玉米苞叶宽度降低的突变体。综上所述，基因编辑为玉米不同性状的遗传改良提供了有力的工具。

四、基因编辑玉米产业化前景

1. 全球基因编辑玉米商业化蓄势待发

CRISPR/Cas 基因编辑技术克服了传统育种技术的短板，在精准定向培育高产、优质、抗病虫害和抗逆等新品种中显示出巨大的应用前景和商业化价值，为保障世界粮食安全提供了新机遇。据美国 Kalorama Information 公司估计，2025 年基因编辑市场规模有望突破 50 亿美元。虽然已有基因编辑产品在不同国家产业化，但它们的全球市场化还取决于各国的监管政策。如果没有科学共识与切实可行的监管体系，基因编辑作物会面临与转基因农作物相似的处境，未来的商业化生产和公众接受度可能会受到不可预料的限制（Ahmad et al.，2021）。目前美国、加拿大和南美洲多个国家倾向于采取产品导向监管政策，将没有外源基因导入的基因编辑作物视为非转基因生物，一般采取备案制，而无须进行安全评价即可进入市场。这些监管政策极大地推动了基因编辑作物的市场产业化，仅美国就已有 150 多种基因编辑作物进入市场。最近，美国科迪华农业技术公司利用 CRISPR/Cas9 系统编辑 12 个玉米品种，创制出高产糯玉米品种的田间产量优于传统杂交品种，美国 USDA 已将该基因编辑糯玉米列为非转基因产品，不受转基因生物的 APHIS 法规监管（Gao et al.，2020）。此外，阿根廷、巴西、智利等国家也制定了类似的监管政策，开启了基因编辑玉米商业化生产的时代。我国基因编辑玉米的研发处于世界前列，但还没有产品进入生产应用。2022 年 1 月，我国农业农村部发布《农业用基因编辑植物安全评价指南（试行）》，大大简化基因编辑植物安全评价监管政策，加速相关产品的田间测试、品种审定和推广应用，我国基因编辑玉米的产业化也将蓄势待发。

2. 我国基因编辑玉米的机遇与挑战

我国在水稻、玉米、小麦和大豆等农作物基因编辑领域的研发与产品储备处于国际先列。在全球 123 项玉米基因编辑相关专利中，我国研发的有 104 项（84.55%），创制了一批涉及玉米不育系、单倍体诱导系、密植高产、营养品质和抗逆性等性状的优良种质材料，特别是在玉米第三代雄性不育系的创制与杂种优势利用及单倍体诱导等方面取得了一系列原创性突破。目前，我国还没有基因编辑产品进入大面积的田间示范试验和开始市场产业化，转基因产业化落后西方发达国家 20 多年，面对这些不利局面，我国应该利用好这个历史机遇，加快基因编辑玉米的研发积累和产业化推广，抢占未来全球农作物品种创新与商业化生产的制高点。

首先要重视基因编辑农作物的理论突破与技术创新。玉米常规育种面临种质资源匮乏、育种目标盲目、优良性状聚合难、周期长和成本高等瓶颈因素限制。基因组编辑技术通过对控制目标性状的多个关键基因进行定点修饰，从而高效、快速、精准地创制优良的新种质资源，为农作物智能分子设计育种提供了新机遇。尽管我国在农作物基因编辑方面的研发和应用方面居于世界前列，但基因编辑的顶层专利和核心技术大多为美国等西方国家所控制，产业安全面临卡脖子的挑战。因此，加强基因编辑领域的原创性基础和应用研究是国家种业发展和战略布局的现实需求。必须尽快研发具有自主知识产权的基因编辑系统与技术；利用基因编辑技术规模化挖掘和解析有重大育种价值的关键基因及其控制玉米重要性状形成的遗传机制，为优良新品种的培育提供理论依据、技术支持、靶标基因与种质资源。

　　基因编辑技术快速实现特定性状的精准改良与多个优良性状的聚合，开启了农作物育种精准化、智能化、高效化和规模化的新时代。如在美国，基因编辑作物从研发到商业化种植可能仅需 5 年，极大加速了农作物的育种进程。因此，要把握基因编辑技术为提升我国种业发展与国际竞争力带来历史性变革的机遇。首先，要重视基因编辑玉米育种前沿理论与技术创新的研究。遗传变异和优良种质资源是作物育种的基础。基因编辑技术能突破传统育种中种质资源匮乏的瓶颈，可以精准高效创制优异变异。因此，进一步将基因编辑技术与全基因组选择、人工智能和常规育种等技术深度融合，实现由分子育种的 3.0 时代向智能设计育种的 4.0 时代跨越，加速玉米优良自交系的创制和高产、优质、多抗新品种的迭代更新，保证我国玉米种业具有持续的国际竞争优势。其次，重视玉米智能多控不育系创制与育种应用。雄性不育系的应用可以免除人工或机械去雄、降低制种成本、提高制种纯度和产量，是全球种业公司竞相研发的育种材料，具有广阔的产业前景和商业价值。将基因编辑、花粉灭活、荧光种子筛选、除草剂筛选和常规育种手段相结合，培育出优良的智能多控玉米不育系。我国在该领域的理论基础和技术研发处于世界先进水平，已有 13 项专利涉及玉米不育系新材料的创制，但还没有相关产品进入田间试验和生产应用，因此，推进这些材料的产业化应用是提升我国玉米种业全球竞争力的重要举措。最后，基因编辑技术为解析单倍体诱导机制和创制单倍体诱导系提供了新的机遇和手段。玉米常规育种需要连续自交 8 代或更长时间才能选育出 1 个自交系，而单倍体技术在 1 年 2 代就可以选育出纯合自交系，进而用于优良杂交种的组配，大大加速了新品系的育种进程，成为现代化玉米育种三大核心技术之一。因此，利用基因编辑技术创制出单倍体诱导系，对促进玉米杂交育种技术的转型升级、种质更新、材料转换及育种水平的提升都具有重大的科学意义与应用价值。我国在玉米单倍体诱导基因、单倍体诱导与加倍的核心技术上取得了多项原创性突破，创建了单倍体高效诱导的技术体系，并对相关的研发产品进行了专利保护和布局，相关的研发积累为推动我国玉米育种技术的转型升级和市场竞争提供了理论支撑和技术保障。

值得注意的是，许多已报道的转基因和基因编辑产品只在实验室模拟环境或温室中测试了其潜在的育种价值，缺乏田间多点区域试验检测，导致有些产品的田间可用性效果较差，有时甚至还表现出不良的田间效应。如目前已对玉米的 1 671 个基因（约占基因组的 4.4%）的应用价值进行了田间测试评估，但只有 22 个基因的田间育种价值得到验证。因此，田间试验和区域示范是评价基因编辑产品能否成为优良种质资源用于玉米生产不可或缺的关键环节。虽然越来越多的基因可作为 CRISPR 编辑的靶标基因来创制优良的玉米种质，但由于受制于基因编辑产品的监管政策和缺乏可靠的田间试验和示范，目前还只有美国的基因编辑糯玉米批准用于商业化生产。我国已利用基因编辑技术创制一系列的玉米新种质资源，但还没有基因编辑产品的区域示范。因此，尽快推进基因编辑玉米新品系的多点区域试验和示范，加速新品种的审定与推广应用，对于促进我国玉米种业发展与科技创新具有重大战略意义。我国农业农村部发布的《农业用基因编辑植物安全评价指南（试行）》（以下简称《指南》），对基因编辑农作物的研发和产业化进行了严格有序的规范、监管、安全评价以及品种审定与推广。《指南》明确规定，目标性状不增加环境安全和食用安全的基因编辑产品通过中间试验后可以直接申请安全证书，有助于加速优良新品系遴选、第三方验证、品种审定与商业化生产，提升我国在全球生物育种中的竞争优势。根据《指南》规定，我国现有 CRISPR 技术创制的玉米新材料或终端产品大都不增加环境安全和食品安全的产品，通过 2～3 年完成 3 代遗传稳定性的田间区域试验或示范可以申请安全证书，然后通过 2～3 年的品种审定就可以用于商业化生产。

第五章 基因编辑技术及产品的监管及思考

　　作物基因编辑技术的巨大应用前景已成为全球共识。随着基因编辑作物商业化进程的加快，各国对基因编辑产品监管的重视程度逐步提高，但管理思路和实践差异较大。概括而言，监管模式可以分为三类：一是以美国和阿根廷等国家为代表的宽松型监管模式，这种模式以产品监管为导向；二是以澳大利亚等为代表的折中型模式，采用这种模式的国家在基因编辑作物的监管过程中，根据经济和技术发展阶段来调整相应监管法规和技术措施；三是以欧盟大部分国家为代表的谨慎型模式，这种模式以过程监管为导向，认为基因编辑作物与转基因作物实质等同。此外，还有许多国家的基因编辑食品政策尚未明朗。

　　总体来说，相关国家对基因组编辑技术的管理都将是否引入外源基因作为重要参考依据，主要采用个案分析原则，按照最终产品中基因变化情况进行分类管理。目前国际上普遍接受的分类方法为三类：第一类，通过基因组编辑技术删除或沉默了植物基因组中的内源基因而获得的新产品，最终产品中没有引入任何外源基因和蛋白，一般认为这类产品不会给人类健康和环境安全带来风险，不按照转基因产品监管。第二类，通过基因组编辑技术在受体植物基因组特定位点发生少量碱基突变，这些变化与植物天然发生的基因突变、通过物理化学方式产生的诱变等，没有本质差异，这类产品通常也不按照转基因产品监管。第三类，通过基因组编辑技术在受体植物基因组中引入了外源基因，这类情况通常按照转基因来管理。

一、"宽松型"政策模式

1. 阿根廷基因编辑监管框架概况

阿根廷是世界上第一个就新型作物育种技术进行立法监管的国家，其相关的农业生物技术法规汇编在《阿根廷农业生物技术监管框架》中。2015 年，阿根廷出台了第 173/2015 号决议，规定了判定新技术（包括但不限于基因编辑技术）获得的植物是否按转基因植物进行管理的程序。一是所有生物育种新技术获得的产品都必须向监管部门提交申请，如果没有提交申请，则全部按照转基因生物进行管理。二是如果生物育种新技术获得的植物，其基因组发生的变化小，最终产品中不含转基因成分，则认为该植物的遗传物质未发生组合，不按照转基因生物进行管理。三是在生物育种新技术获得的植物基因组中，如果插入了一个或多个基因或 DNA 序列，则认为遗传物质发生了组合。但若插入基因或序列已经在商业化作物中使用，仍不按照转基因生物进行管理。四是生物育种新技术获得的植物基因组中插入了的基因或 DNA 序列未曾商业化使用过，则按照转基因生物管理。2020 年，阿根廷规定只要商业化品种中不存在外源核酸片段的插入，新品种就不承受额外的监管，享受与常规作物品种一样的待遇。

阿根廷基因编辑监管框架由多个法规和机构组成，主要包括以下 3 个方面。

（1）生物安全法律框架。阿根廷制定了多项生物安全法律框架，其中包括《生物安全法案》和《生物技术应用、贸易与民用法案》等。

（2）监管机构。阿根廷政府成立了 Ministerio de Agroindustria de la Nación（全国农工业部），负责监管农业和农业生产。此外，还有多个

机构分别负责对生物技术、基因编辑和转基因作物的安全性进行评估和
监管。

（3）评估程序。基因编辑产品在阿根廷需要经过严格的评估程序，包
括环境风险评估、人类和动物健康风险评估等。只有经过评估并符合安全
标准的产品才能被批准销售和使用。

生物育种新技术产品监管决议流程中设置了向生物安全委员会的咨询
程序，具体的决议程序见彩图 5-1。

总体来说，阿根廷的基因编辑监管框架相对完善，旨在确保公众健康
和环境安全。但阿根廷目前没有已经上市的基因编辑产品，具有代表性的
产品研究包括高产苜蓿、抗象鼻虫棉花和防褐变马铃薯等。

2. 美国基因编辑监管框架进展

美国没有出台专门针对基因编辑产品管理的法律，美国政府对基因组
编辑作物产品监管采取以最终产品为监管对象，遵循"个案分析原则"，
由美国农业部（USDA）、环境保护署（EPA）和食品药品监督管理局
（FDA）共同管理。

2016 年，美国农业部决定不对基因编辑技术培育的抗褐变蘑菇进行监
管。2017 年 1 月 19 日，美国食品药品监督管理局（FDA）发布有意改变
动物基因组 DNA 管理法规修订草案，并向公众征求意见。该修订草案扩
展了"有意改变基因组技术"的含义，不但包括原有的基因工程（通常指
重组 DNA 技术），也涵盖了基因组编辑技术。对基因编辑技术获得的植物
产品，FDA 仍按照"自愿咨询"程序进行监管。而对"有意改变基因组技
术"获得的动物及其产品，可能按照药品来进行管理，相关的试验必须获
得许可，经过相关的安全评价后才能获得商业化许可和上市。2017 年 4 月
25 日，美国农业部动植物卫生检疫局（APHIS）发布了生物技术法规修订
建议稿，并通过公众评议程序。美国农业部的职责是对植物有害物或有害

杂草进行管理，该修订稿将基因组编辑纳入"基因工程"定义中，并明确只有研发的基因组编辑技术产品属于植物有害物或有害杂草范畴时，才纳入监管范围。如通过基因组编辑技术研发的防褐变蘑菇，因其"未引入任何遗传物质"，不可能演变为"植物有害生物"，美国农业部已经给研发人发出"咨询回复函"，不对其开展监管。APHIS 建立了"我要监管吗？"的咨询程序，为申请者提供有关基因组编辑技术产品的个案咨询服务。2018 年，美国食品药品监督管理局（FDA）发布新规，撤销对基因编辑作物的严格管控，鼓励基因编辑植物的种植试验。由 FDA 负责监管的基因编辑动物的政策尚不明朗，但 FDA 倾向于用一种"创新而灵活"的方式监管基因编辑技术，在确保该技术对人体和动物安全的同时，要允许企业把有益于消费者的产品推广上市。2018 年 3 月，美国农业部发表声明，不会对使用包括基因编辑在内的创新育种技术生产的农作物进行监管。由于不含外来 DNA，基因编辑农产品也很可能不需要被标识。2020 年，美国《联邦公报》发布一项新政策，指出科研人员使用基因编辑技术设计出的原本可以通过传统育种方式得到的植物将不受监管。美国监管机构表示，由于基因编辑作物不含外来 DNA（来自其他病毒或细菌的 DNA），因此不需要像转基因作物那样进行严格的监管或测试。该国的监管方法因基于过程而不是基于产品或结果而受到批评（尽管原则上采用基于产品的方法）。美国过于关注与基因编辑方法相关的监管，而不是基于基因编辑植物带来的实际风险的方法。2020 年，美国农业部动植物卫生检疫局强调将监管重点放在新性状本身，而不是用于创造新性状的技术上，即此前建议提出的：如果基因编辑生物只是单碱基对替换或任意大小的删除或是引入自然发生的核酸序列，那么就不需要监管。该类型的监管不适应新的基因编辑技术的风险，随着基因编辑技术的加速发展，该问题或许将会加剧。

近年来，美国通过了许多基因编辑产品的上市，具体如表 5-1 所示。

表 5-1 美国上市的基因编辑产品

作物	年份	公司 / 大学
抗麦角病内生真菌	2020	肯塔基大学
提高耐旱性和产量稳定性的玉米	2020	科迪华公司
提高含油量和蛋白的大豆	2020	科迪华公司
提高谷物产量潜力的玉米	2020	科迪华公司
改变膳食品质的油菜	2020	科迪华公司
改变叶片大小和种子重量的大豆	2020	密苏里大学
改变种子组分的大豆	2020	密苏里大学
抗真菌的油菜	2020	Cibus 公司
耐除草剂的油菜	2020	Cibus 公司
抗白叶枯病的水稻	2020	密苏里大学
改良为生物燃料原料的柳枝稷草	2020	佐治亚大学
高油酸的油菜	2020	Cibus 公司
减少炸荚性的油菜	2020	Cibus 公司
用于城市农业的改良番茄	2020	冷泉港实验室
富含伽马氨基丁酸的番茄	2020	Sanatech 种子公司
改变含油量的油菜	2020	Yield10 Bioscience 公司
口味改良的芥菜	2020	Pairwise 公司
防褐变的鳄梨	2020	Green Venus 公司
非褐变（低多酚氧化酶）的鳄梨	2020	辛普劳公司
多果实的草莓	2020	辛普劳公司
编辑的玉米 / 大豆 / 番茄（3）	2020	Inari Ag. 公司
成分 / 肥力 / 产量改良的马铃薯（6）	2020	辛普劳公司
表皮改良的烟草	2020	魏茨曼科学研究所
品质改良的大麦	2020	俄勒冈州立大学
高油酸的大豆	2020	ToolGen 公司
口感改良的豌豆	2020	Benson Hill 公司
高油分 / 低亚麻酸的大豆	2020	Calyxt 公司
耐除草剂的水稻（2）	2020	Cibus 公司
颜色改良的矮牵牛	2020	ToolGen 公司
耐除草剂的亚麻	2020	Cibus 公司
抗孢囊线虫病的大豆（2）	2020	Evogene 公司

续表

作物	年份	公司 / 大学
低氨基糖的番茄	2020	密歇根州立大学
低尼古丁的烟草	2019	美国奥驰亚集团
耐溃疡病的柑橘	2020	Soilcea 公司
叶柄长度改良的大豆	2019	明尼苏达大学
成分改良的大豆	2019	明尼苏达大学
非褐变的生菜	2019	Intrexon 公司
品质改良的荠蓝	2018	Yield10 Bioscience 公司
含油量成分改良的败酱草（4+3）	2018—2020	伊利诺伊州立大学 / CoverCress 公司
无茎的番茄	2018/ 2020	美国佛罗里达大学
产量增加的玉米	2018	Benson Hill Biosystems 公司
高纤维的小麦	2018	Calyxt 公司
抗北方叶枯病的玉米	2018	杜邦先锋（科迪华）
耐旱耐盐的大豆	2017	美国农业部农业研究局
低木质素的苜蓿	2017	Calyxt 公司
增产油量的荠蓝	2017/ 2020	Yield10 Bioscience 公司
延迟开花的狗尾草（虎尾草）	2017	丹弗斯植物科学中心
防褐变土豆	2016	辛普劳公司
防褐变的土豆	2016	Calyxt 公司
糯玉米（高支链淀粉）	2016	杜邦先锋（科迪华）
抗白粉病的小麦	2015	Calyxt 公司
防褐变的蘑菇	2015	宾州州立大学
叶 / 茎淀粉积累升高的玉米	2014	Agrivida 公司
抗白叶枯病的水稻	2014	爱荷华州立大学
高油酸的大豆（2）	2015	Calyxt 公司
冷藏改良的土豆	2014	Calyxt 公司

作物	年份	编辑类型 *	公司 / 大学
低褐变的香蕉	2022	b（1）	Tropic Biosciences 公司
三萜烯酰基糖改良的烟草	2021	b（1）	普朗克研究所
抗乙酰乳酸合酶的大豆	2021	b（2）	Bioheuris 公司

注：美国生物技术法规改革后，原来专门针对基因编辑产品的咨询流程改为统一的申请豁免管理的流程。这个单独的表格里所列是改革之后新提交并取得豁免的 3 个产品。

3. 日本基因编辑监管情况

有别于对待转基因食品的政策，日本对基因编辑食品采取相对宽松的政策取向。基因编辑产品在日本受到轻度监管。根据具体情况进行评估，并需要通知政府，除非植物含有外来 DNA，否则不需要进行安全或环境评估。日本政府表示，基因编辑作物依照常规作物产品接受监管，不属于转基因产品的管理范围。

2020 年初，日本监管机构发布了基因编辑食品和农产品的管理指南。其中，日本厚生劳动省（MHLW）为用作食品和食品添加剂的基因编辑产品制定指南，农林水产省（MAFF）为用作饲料和饲料添加剂的基因编辑产品制定指南。这些指南为商业化基因编辑产品提供了商业化途径，研发者可以根据其产品的最终目的来选择不同的途径。总体来说，是从产品应用的目的出发，按照不同的指南对产品进行食用、饲用和环境方面的评价。与转基因产品不同之处有两点：一是在该产品纳入基因编辑产品范围前，需要进行一个预咨询程序，确认该产品是否属于基因编辑产品；二是对于基因编辑产品的评价，相对于转基因产品较为宽松。例如，日本筑波大学初创企业 Sanatech Seed 推出了利用基因编辑技术开发的富含 GABA 氨基酸的番茄，已成功上市销售，成为日本国内首个商业销售开发与利用的基因编辑农产品。

Sanatechseed 公司的高 GABA 番茄作为日本第一款基因编辑产品于 2021 年底上市，该公司产品研发的关注点在作物高产方面，如高产水稻、油菜和降血压番茄等。

4. 其他国家基因编辑政策

加拿大、阿根廷、智利、巴西、哥伦比亚等国家采取比较相似的监管方式，以最终产品为监管对象，按照"个案分析原则"进行评价，由开发者确定其产品是否具有新属性，若产品涉及 DNA 重组和新性状则自动触发监管。不同于对待转基因生物的政策，俄罗斯对基因编辑作物和动物也采取相对宽松的政策。

智利于 2017 年 8 月发布并实施了新育种技术植物管理程序，基于"个案分析的原则"来判定这类植物是否按照转基因管理，如果最终产品中没有插入外源基因，则不按照转基因管理。研发者需要提供分子数据证明，监管当局需要在 20 个工作日内作出决定。

巴西确定不对基因编辑作物作出特别规定，根据最终产品的特性，而不是生产的过程进行监管。基因编辑的作物被视同为常规植物（除非它们含有外源 DNA），但需要根据流程提交档案以确定它们是否能够豁免。2018 年 12 月，巴西国家技术生物安全委员会（CTNBio）完成了首例使用新型育种技术生物商业化咨询案件评估，案件中使用 CRISPR/Cas9 生成的蜡质（糯）玉米品种被认定为非转基因植物。巴西共进行了包括蜡质玉米、甘蔗、生物乙醇生产的 5 种微生物（酿酒酵母）、无角牛等生物共计十余例新型育种技术生物案件的评估，这些产品都被 CTNBio 认定为非转基因产品。

加拿大按照产品是否满足新性状植物的条件来进行管理，如果属于新性状植物，则需要监管；如果不是新性状植物，则不需要监管。对新性状植物的判定依据是，如果这些性状对加拿大环境是新的（即在 1996 年之前不存在），并有可能影响植物对环境和人类健康的具体使用和安全。研发单位可以采取自我评估或者咨询管理者的方式来确定是否属于要通告的新性状植物。

二、"折中型"监管模式

1. 澳大利亚基因编辑监管情况

澳大利亚是较早引入和种植转基因作物的国家之一，对生物技术的监管一直介于美国和欧盟之间。目前监管基因编辑作物遵循《基因技术法案》，该法案在 2019 年 4 月修订时规定，取消了对"基因剪刀"等工具的限制要求，采取了灵活且比较宽松的中间型政策，即只要不含有外来DNA，澳大利亚政府不会管控在植物、动物以及人类细胞系使用基因编辑技术，也不会受到视同转基因生物的监管政策。在新规出台之前，包括CRISPR/Cas9 在内的基因编辑技术在研发中受到与传统基因修饰相同的规则约束；传统基因修饰（如转基因食品研发）需要获得澳大利亚基因技术监管办公室认可的生物安全委员会的批准。

澳大利亚目前没有上市的基因编辑产品。目前由农业科技公司 Moxey Farms 开发的基因编辑技术，可以将牛乳中的乳糖含量降低，使牛奶更容易消化，该产品正在等待监管审批。

2. 以色列基因编辑监管情况

以色列是一个对基因编辑实践和监管进行了广泛讨论的国家，其政策框架在许多方面反映出了该领域的不确定性和复杂性。目前，以色列没有明确的基因编辑法律框架。基因编辑监管主要基于现有的生物安全和种子法规，并由相关部门（例如，农业和环境部门）制定。以色列国家转基因植物委员会于 2016 年发表决议，如果基因编辑或定向诱变产生的植物最终产品中没有插入或整合外源 DNA，则不按照转基因产品进行监管。2019 年，以色列国家研究和发展委员会（National Council for Research and Development）提出了一项针对基因编辑的建议，但目前还没有通过立法。

在农业和食品领域，以色列已经批准了一些基因编辑项目，例如低聚糖糖尿病筛选试剂、SIT 技术用于啤酒酿造的啤酒花的改良。大约有 20 个在开展的研究计划或试验申请，包括鲫鱼、虾、培根肉等基因编辑项目。

以下是一些以色列最新的基因编辑产品。

（1）宠物基因编辑。以色列公司 Pegasus BioLabs 开展基因编辑研究，用于改变宠物的抗病能力并减轻受到家养宠物的大脑损伤等器官损伤。

（2）红五月苹果。以色列基因编辑公司 EdenShield 成功编辑了一种苹果（称为"红五月"），改善其病害，延长保鲜期，该苹果品种在以色列市场上受到欢迎。

（3）非黄瓜素叉烧肉。以色列著名的食品科技公司 Aleph Farm 开发了"非黄瓜素叉烧肉"，该产品使用了基因编辑技术，将猪的细胞转化为肉的细胞，并在培养皿中激活肌肉细胞，以制造真正的叉烧肉。

3. 其他基因编辑监管情况

菲律宾政府实施一种基于科学、透明和有效的程序来评估基因编辑植物的安全性。2023 年 5 月，Tropic 的非褐变香蕉获得了菲律宾农业部植物产业局的非转基因豁免决定。这是首个通过菲律宾新定义的基因编辑监管决定程序的基因编辑产品。由此，Tropic 非褐变香蕉可以在菲律宾自由进口和推广。

印度环境、森林和气候变化部 2022 年 3 月修订了有关基因编辑在农业中应用的规定，执政州的基因编辑将被排除在转基因生物分类之外。这一规定有可能为用于植物育种的新技术（例如，CRISPR）打开大门。

韩国大部分牲畜饲料源自生物技术培育的玉米和大豆，也正在修订其现有法案以涵盖新兴生物技术产品，如基因编辑产品。2021 年公布的修订草案中包括一个预审流程，将确定一些新兴生物技术产品是否需要进行全面风险评估或可免于评估，被选中的公司将利用基因组编辑技术开发农作物新品种。

三、"谨慎型"监管模式

1. 欧盟基因编辑监管情况

欧盟对生物技术产品的监管，采取的是基于技术过程的管理模式。技术研发初期，欧盟对基因编辑食品的政策，基本沿用了其对待转基因食品的旧法规，采取的是限制型政策。从 2011 年起，欧洲食品药品监督管理局（EFSA）牵头评估现有指导文件是否仍然适用于包括基因编辑技术在内的 8 种新植物育种技术的监管。2013 年新技术工作组发布研究报告，认为 ZFN-1 和 ZFN-2 技术获得的生物类似于自然突变产生的生物，按照欧盟转基因法律，这一类产品应该排除在监管范围之外。欧盟几个成员国的相关机构也发表了类似的建议。德国联邦消费者保护和食品安全（German Federal Office of Consumer Protection and Food Safety，BVL）于 2015 年发表意见，由定向诱变（ODM）和 CRISPR/Cas 获得的产品，如果其基因组发生的变化可以通过传统育种方法产生，则这些产品应该排除在转基因立法的监管范围；瑞典银行家协会（SBA）于 2015 年发表意见，CRISPR/Cas 获得的植物中，如果没有包含任何外源基因序列，应排除在转基因立法的监管范围；芬兰基因技术委员会于 2016 年发表了和瑞典相似的决议；西班牙主管当局也作出决定，定向诱变产品排除在转基因立法的监管范围。

欧洲法院从 2016 年 10 月开始对欧盟指令 2001/18（欧盟针对转基因生物的环境释放和商业化批准的法律）的解释提供法律意见，于 2018 年提供最终的解释。2018 年 7 月欧洲最高法院裁定，将基因编辑作物纳入 2001 年指令的监管范围，视同转基因生物并受到相同的严格监管，包括需要标识。同时欧盟法院在一项裁决中规定 CRISPR/Cas9 等基因编辑技术应纳入现有转基因作物监管规则，旨在严格控制在不同物种之间转移基因的基因改造方法，结果实际上是禁止在欧洲种植基因编辑作物并将其衍生产品投放市场。2022 年，欧盟委员会重新审视基因编辑作物监管。2023 年 2 月 7 日，欧盟最高法院通过一项决议，决议认为欧盟限制使用转基因生物的法律不包括常规使用且具有长期安全记录的体外植物基因编辑技术，该决议的通过意味着欧盟很大程度上放宽了基因编辑技术在农业领域的限制。这可能会改变该地区完整的种子市场格局。

因为欧盟对基因编辑产品采取谨慎的立场，目前还没有正式批准基因编辑产生的任何商业化产品。

2. 英国基因编辑监管政策

目前英国对基因编辑的研究和开发非常活跃，但任何基因编辑产品都需要经过适当的风险评估和安全性测试。基因编辑目前在英国并未被禁止，但受严格监管。英国目前的监管框架侧重于开发新动植物品种所涉及的技术，而不是这些品种的特性和后果，英国脱欧提供了就基因编辑问题进行磋商的机会。英国于2021年启动了基因编辑咨询。英国环境、食品与农村事务处（DEFRA）咨询将用于修改GMO的定义，并为基因编辑立法的政策制定提供信息。有46种不同作物物种的基因编辑应用，其中水稻、烟草、番茄、玉米、小麦和大豆被引用最多正在开发范围非常广泛的具有面向市场特性的产品，不仅对于具有农艺特性（例如，产量和抗病性）的产品，还包括具有面向消费者特性的食品。 由于受俄罗斯—乌克兰冲突的影响，全球粮食安全和商品波动可能会加速变化。英国议会于2022年3月批准了法规草案，以简化开展基因编辑植物田间试验的批准程序，并将基因编辑与通过传统育种生产的植物相结合，而不是之前与转基因植物技术的结合。2022年6月，英国政府向议会提出新法案，意图放宽对基因编辑作物的规定。

2023年3月23日，英国环境、食品和乡村事务部（Defra）宣布通过一项新的遗传技术（精准育种）法案，该法案明确精准育种包括使用基因编辑等技术来改变生物体的遗传密码即在植物中创造有益的遗传变异，通过释放基因技术的应用可以帮助科学家们安全地创出更灵活、适应性更强的食品，同时可以使农民种植抗旱和抗病的农作物，并减少化肥和农药的使用，增强作物对气候的适应性，进而保障英国的粮食安全。根据该法案的规定，将引入一个新的以科学为基础的简化的监管体系，以促进基因编辑等精准育种技术的更大研究和创新，但对转基因生物仍有更严格的规定，这是因为转基因作物含有不可能通过传统育种或自然发生的基因变化。该法案拥有以下权力：包括将利用精准育种技术生产的动植物从英国适用于转基因生物环境释放和销售的监管要求中删除，以及为利用精准育种技术培育的动植物生产的食品和饲料产品建立一个新的科学授权程序等。英国将分阶段逐步引入新法规框架下的部分内容，这意味着在不久的将来，英国将实现利用精准育种技术培育的植物的商业种植，以及利用精准育种技术培育的食品的销售。

英国对基因编辑的监管政策目前仍在征求公众意见和进行讨论中，预计在接下来的几年内会出台相关法规。

英国在欧洲脱离欧盟后，将基因编辑产品作为脱欧后刺激创新和经济发展的重点发展领域，学术界利用基因编辑技术可能帮助解决特定神经系统疾病和癌症等疾病。例如，利用基因编辑技术研究灵长类动物的脑神经电子图谱，并研发新型疗法以治疗特定的脑神经系统疾病。另外，研究人员运用基因编辑技术开发全新的癌症治疗方法，有望更精确地攻击癌细胞。英国基因编辑公司 Tropic Biosciences 使用基因编辑技术研发抗病毒性的香蕉和咖啡豆，以提高产量、提高耐受性和抵御病原菌。这些新品种的市场推广正在进行中。

3. 其他国家基因编辑监管政策

新西兰、瑞士、印度也采取了与欧盟类似的监管政策，即将基因编辑产品视同为转基因生物进行监管的政策，采用基因编辑技术以及相关产品的商业化似乎还很久远。

基因编辑可为非洲国家解决范围广泛的问题（例如，营养不良、作物欠收和饥饿）提供巨大机会。但欧盟的转基因监管框架对部分非洲国家也产生负面溢出效应，基因编辑技术及产品领域目前受到严格监管，基因编辑作物很可能受到大多数国家转基因生物规则的约束。然而一些国家正在对基因编辑作物采取更灵活的立法。2020 年 12 月，尼日利亚成为非洲第一个通过其国家生物安全管理局授权了基因编辑作物指南的国家，规定如果编辑的品系不包含新的遗传物质组合，则可以将它们归类为常规品种或产品。2022 年 2 月，肯尼亚国家生物安全局发布了指导方针，为基因编辑生物和产品提供了《生物安全法》豁免框架，从而能够逐案批准，是否将其视为常规品种。另外，马拉维、埃塞俄比亚和加纳目前也在制定他们的政策，而南非在决定将所有基因编辑植物视为转基因作物后，目前正在进行上诉程序。

四、基因编辑技术未来发展的思考

根据联合国粮食及农业组织、国际货币基金组织、世界银行、世界粮食计划署和世贸组织联合发布的一份声明，全球供应链中断、气候变化、COVID-19 大流行、利率上升带来的金融紧缩以及俄乌战争对全球粮食系统造成了前所未有的冲击。全球食品通胀居高不下，数十个国家出现两位数的通胀。据世界粮食计划署称，79 个国家 / 地区的 3.49 亿人严重粮食不安全。

在这种大背景下，除了大热的基因编辑作物之外，一直在政策监管和公众舆论方面都饱受压力的转基因作物行业在全球对粮食安全问题的担忧下看到了一些转机。尽管全球受疫情影响，基因编辑作物商业化在部分国家进展缓慢，但全球范围依然保持相对稳定，有些地区考虑粮食安全的问题，甚至加快了商业化进程。

此外，俄罗斯和乌克兰的冲突表明了粮食安全的重要性，大部分第三方世界国家放宽了对基因编辑的限制，意味着受农作物产量问题困扰的地区将获得基因编辑作物带来的优势，在未来解决全球人口增长和战争引发的粮食安全问题。然而，潜在的监管要求、贸易壁垒、环境和道德问题以及消费者和零售商的接受程度，仍可能减缓基因编辑作物和性状在某些国家的采用。主要农业生产国和进口国基因编辑监管政策的协调，仍将是技术成功商业化的最大挑战。一些欧洲政客开始重新考虑欧盟长期以来对转基因和基因编辑作物的反对。其实自 2018 年以来，要求改变转基因生物现行规则的政治压力就一直在增加。行业参与者希望看到没有故意添加到其基因组中的"外源 DNA"的转基因植物被排除在欧盟转基因生物立法之外。

过去基因编辑同转基因作物一样受到严格监管，近几年整体趋势较为缓和。拥有大量种子市场份额的国家，大多数已不再将基因编辑技术作为转基因生物进行监管。越来越多国家围绕基因编辑建立了新的监管制度。为避免在这场技术竞赛中落后于世界其他地区，目前全球已经超 15 个国家和地区制定了对农作物基因编辑开放的规则，包括印度、阿根廷和澳大利亚等，但这些国家是将基因编辑作物和传统育种作物区分开的；相反许多国家，如美国、加拿大、巴西和日本，都没有将其区分开。自脱离欧盟以来，英国正在寻求放宽监管。印度 2023 年早些时候宣布，某些基因编辑作物将不受转基因规定约束。

育种技术中，CRISPR 短短 5 年多时间里已经展示了其巨大的科学和商业潜力。私营和公共部门都在广泛利用这一基因编辑系统来开发感兴趣的作物新性状。农业企业不仅通过基因编辑使作物多样化，还在开发各种生物胁迫耐受性和改良成分、植物产量和非生物胁迫耐受性的特性，同时使用基因编辑为生物能源作物开发性状，在生物能源领域发展合作伙伴关系。以"尊重科学、确保安全、促进发展"为指导，进一步完善"个案分析、分类管理"的基因编辑产品监管政策。围绕数据科学、数字农业和基因编辑的创新和最近开发的新技术，将在未来几年对种业产生实质性影响。

参考文献

陈佩，马彧博，2022. 植物育种中 CRISPR–Cas 基因编辑技术专利分析. 中国科技信息（24）：27–30.

党星，郅斌伟，曹克浩，等，2022. 转基因玉米生物育种技术的专利分析及产业发展建议. 生物技术进展，12（4）：614–622. DOI：10.19586/j.2095–2341.2022.0092.

窦迎港，甄珍，2023. 基因编辑作物技术原理、商业化及检测研究进展. 作物杂志，2（2）：16–23. DOI：10.16035/j.issn.1001–7283.2023.02.003.

范月蕾，王冰，于建荣，2022. 国内外 CRISPR–Cas 基因编辑技术主要申请人专利布局分析. 生命科学，34（10）：1305–1316.DOI：10.13376/j.cbls/2022144.

韩楠，2022. 利用 CRISPR/Cas9 基因编辑技术创制高直链淀粉玉米新种质. 雅安：四川农业大学. DOI：10.27345/d.cnki.gsnyu.2022.000264.

黎裕，王天宇，2018. 玉米转基因技术研发与应用现状及展望. 玉米科学，26（2）：1–15，22.

王婷，刘璐，王娅丽，等，2020. 基于论文和专利的基因编辑技术发展态势分析与展望. 农业展望，16（10）：89–98.

王婷，赵兰坤，扈临风，等，2023. 基因编辑技术在谷氨酸棒杆菌中的应用研究进展. 中国酿造，42（4）：35–39.

肖珩，李永奎，邢曦雯，2023. 化学调控 CRISPR/Cas9 基因编辑技术的研究进展. 高等学校化学学报，44（3）：9–17.

邢瑞霞，朱金洁，祁显涛，等，2023. 基因编辑快速改良玉米开花期研究. 安徽农业科学，51（3）：96–100，105.

徐倩，王娟，张茂林，等，2022.利用基因编辑技术创制玉米自交系新等位突变. 山东农业科学, 54（2）: 1-5. DOI: 10.14083/j.issn.1001-4942.2022. 02.001.

徐子妍, 李浩, 周焕斌, 等, 2022. CRISPR/Cas 基因编辑技术与植物病毒研究进展. 浙江大学学报（农业与生命科学版）, 48（6）: 709-720.

闫磊, 张金山, 朱健康, 等, 2022. 基因编辑技术及其在农作物中的应用进展. 中国农业科技导报, 24（12）: 78-89. DOI: 10.13304/j.nykjdb.2022.1030.

钟华, 胥美美, 苟欢, 等, 2022. 全球基因编辑技术专利布局与发展态势分析. 世界科技研究与发展, 44（2）: 231-243. DOI: 10.16507/j.issn.1006-6055.2022.01.006.

ABDEL R M, ALSADI A M, POUR G A, et al., 2018. Genome editing using CRISPR/Cas9-targeted mutagenesis: An opportunity for yield improvements of crop plants grown under environmental stresses. Plant Physiology and Biochemistry, 131: 31-36. DOI: 10.1016/j.plaphy.2018.03.012.

ABUDAYYEH O O, GOOTENBERG J S, FRANKLIN B, et al., 2019. A cytosine deaminase for programmable single-base RNA editing. Science, 365（6451）: 382-386. DOI: 10.1126/science.aax7063.

ADIKUSUMA F, PILTZ S, CORBETT M A, et al., 2018. Large deletions induced by Cas9 cleavage. Nature, 560（7717）: E8-E9. DOI: 10.1038/s41586-018-0380-z.

AHMAD A, MUNAWA N, KHAN Z, et al., 2021. An outlook on global regulatory landscape for genome-edited crops. International Journal of Molecular Sciences, 22（21）: 11753. DOI: 10.3390/ijms222111753.

AKCAKAYA P, BOBBIN M L, GUO J A, et al., 2018. In vivo CRISPR editing with no detectable genome-wide off-target mutations. Nature, 561（7723）: 416-419. DOI: 10.1038/s41586-018-0500-9.

ALKAN F, WENZEL A, ANTHON C, et al., 2018. CRISPR-Cas9 off-targeting assessment with nucleic acid duplex energy parameters. Genome Biology, 19（1）: 416-419. DOI: 10.1186/s13059-018-1534-x.

ALLEN F, CREPALDI L, ALSINET C, et al., 2018. Predicting the mutations generated by repair of Cas9-induced double-strand breaks. Nature Biotechnology, 37: 64-72. DOI: 10.1038/nbt.4317.

AMAN R, ALI Z, BUTT H, et al., 2018. RNA virus interference via CRISPR/

Cas13a system in plants. Genome Biology，19（1）：1. DOI：10.1186/s13059-019-1881-2.

AMEGBOR I，VAN BILJON A，SHARGIE N，et al.，2022 Identifying quality protein maize inbred lines for improved nutritional value of maize in southern africa. Foods，11（7）：898. DOI：10.3390/foods11070898.

AN X，MA B，DUAN M，et al.，2019. Search-and-replace genome editing without double-strand breaks or donor DNA. Nature，576（7785）：149-157. DOI：10.1038/s41586-019-1711-4.

BALACHIRANJEEVI C H，NAIK B S，KUMAR A V，et al.，2018. Marker-assisted pyramiding of two major，broad-spectrum bacterial blight resistance genes，Xa21 and Xa33 into an elite maintainer line of rice. DRR17B. Plos One，13（10）：1-16. DOI：10.1371/journal.pone.0201271.

BASTIAN M，JIANWEI，ZHANG J W，et al.，2018. CRISPR-PLANT v2：An online resource for highly specific guide RNA spacers based on improved off-target analysis. Plant Biotechnology Journal，17（1）：5-8. DOI：10.1111/pbi.13025.

BAYE W，XIE Q，XIE P，2022. Genetic architecture of grain yield-related traits in sorghum and maize. International Journal of Molecular Sciences，23（5）：2405. DOI：10.3390/ijms23052405.

BULBUL AHMED M，HUMAYAN KABIR A，2022. Understanding of the various aspects of gene regulatory networks related to crop improvement. Gene，833：146556. DOI：10.1016/j.gene.2022.146556.

CHEN K，WANG Y，RUI Z，et al.，2019. CRISPR/Cas Genome Editing and Precision Plant Breeding in Agriculture. Annual review of plant biology，70（1）：667-697. DOI：10.1146/annurev-arplant-050718-100049.

CHEN R，XU Q，LIU Y，et al.，2018. Generation of transgene-free maize male sterile lines using the crispr/cas9 system. Frontiers in Plant Science，9：1180. DOI：10.3389/fpls.2018.01180.

CUI Y，HU X，LIANG G，et al.，2020. Production of novel beneficial alleles of a rice yield-related QTL by CRISPR/Cas9. Plant Biotechnology Journal，18（10）：1987-1989. DOI：10.1111/pbi.13370.

CULLOT G，BOUTIN J，TOUTAIN J，et al.，2019. CRISPR-Cas9

genome editing induces megabase-scale chromosomal truncations. Nature Communications, 10 (1): 1136. DOI: 10.1038/s41467-019-09006-2.

DE LA TORRE-ROCHE R, CANTU J, TAMEZ C, et al., 2020. Seed biofortification by engineered nanomaterials: a pathway to alleviate malnutrition? Journal of Agricultural and Food Chemistry, 68: 12189-12202. DOI: 10.1021/acs.jafc.0c04881.

FERNANDEZ J A, MESSINA C D, SALINAS A, et al., 2022. Kernel weight contribution to yield genetic gain of maize: A global review and US case studies. Journal of Experimental Botany, 73 (11): 3597-3609. DOI: 10.1093/jxb/erac103.

GAO C, 2021. Genome engineering for crop improvement and future agriculture. Cell, 184: 1621-1635. DOI: 10.1016/j.cell.2021.01.005.

GAO H, GADLAGE M J, LAFITTE H R, et al., 2020. Superior field performance of waxy corn engineered using CRISPR-Cas9. Nature Biotechnology, 38: 579-581. DOI: 10.1038/s41587-020-0444-0.

HRMOVA M, HUSSAIN, S S, 2021. Plant transcription factors involved in drought and associated stresses. International Journal of Molecular Sciences, 22 (11): 5662. DOI: 10.3390/ijms22115662.

HU J H, MILLER S M, GEURTS M H, et al., 2018. Evolved Cas9 variants with broad PAM compatibility and high DNA specificity. Nature, 556 (7699): 57-63. DOI: 10.1038/nature26155.

HUA K, TAO X, LIANG W, et al., 2020. Simplified adenine base editors improve adenine base editing efficiency in rice. Plant Biotechnology Journal, 18 (3): 770-778. DOI: 10.1111/pbi.13244.

HUANG L, SREENIVASULU N, LIU Q, 2020. Waxy editing: old meets new. Trends in Plant Science, 25 (10): 963-966. DOI: 10.1016/j.tplants.2020.07.009.

HUSSAIN B, LUCAS S J, BUDAK H, 2018. CRISPR/Cas9 in plants: at play in the genome and at work for crop improvement. Briefings in Functional Genomics, 17: 319-328. DOI: 10.1093/bfgp/ely016.

ISHINO Y, SHINAGAWA H, MAKINO K, et al., 1987. Nucleotide sequence of the iap gene, responsible for alkaline phosphatase isozyme conversion in Escherichia coli, and identification of the gene product. Journal of Bacteriology,

169（12）: 5429–5433. DOI: 10.1128/jb.169.12.5429–5433.1987.

JAIN A，ZODE G，KASETTI R B，et al.，2018. Crispr–Cas9–based treatment of myocilin– associated glaucoma. Proceedings of the National Academy of Sciences of the United States of America，114（42）: 11199–11204. DOI: 10.1073/pnas.1706193114.

JIA H，WANG N，2020. Generation of homozygous canker-resistant citrus in the T0 generation using CRISPR-SpCas9p. Plant Biotechnology Journal，18（10）: 1990–1992. DOI: 10.1111/pbi.13375.

KANG B C，YUN J Y，SANG–TAE K，et al.，2018. Author correction: Precision genome engineering through adenine base editing in plants. Nature Plants，4（9）: 730. DOI: 10.1038/s41477–018–0251–5.

KELLIHER T，STARR D，SU X，et al.，2019. One–step genome editing of elite crop germplasm during haploid induction. Nature Biotechnology，37（3）: 287. DOI: 10.1038/s41587–019–0038–x.

KHOSHNEJAD M，BRENNER J S，MOTLEY W，et al.，2018. Molecular engineering of antibodies for site–specific covalent conjugation using CRISPR/Cas9. Scientific Reports，8（1）: 1760. DOI: 10.1038/s41598–018–19784–2.

KOCAK D D，JOSEPHS E A，BHANDARKAR V，et al.，2019. Increasing the specificity of CRISPR systems with engineered RNA secondary structures. Nature Biotechnology，37（6）: 657–666. DOI: 10.1038/s41587–019–0095–1.

KYROU K，HAMMOND A M，GALIZI R，et al.，2018. A CRISPR–Cas9 gene drive targeting doublesex causes complete population suppression in caged Anopheles gambiae mosquitoes. Nature Biotechnology，36（11）: 1062–1066. DOI: 10.1038/nbt.4245.

LANG S F，KUANG Y J，WANG J W，et al.，2019. Cas9–NG greatly expands the targeting scope of the genome–editing toolkit by recognizing NG and other atypical PAMs in rice. Molecular Plant，12（7）: 12. DOI: 10.1016/j.molp.2019.03.010.

LEMMON Z H，REEM N T，DALRYMPLE J，et al.，2018. Rapid improvement of domestication traits in an orphan crop by genome editing. Nature Plants，4（10）: 766–770. DOI: 10.1038/s41477–018–0259–x.

LI C，YUAN Z，WANG Y，et al.，2018a. Expanded base editing in rice and wheat using a Cas9–adenosine deaminase fusion. Genome Biology, 19（1）: 59. DOI: 10.1186/s13059–018–1443–z.

LI D, ZHOU H, ZENG X, 2019a. Battling CRISPR–Cas9 off–target genome editing. Cell Biology and Toxicology, 35（5）: 403–406. DOI: 10.1007/s10565–019–09485–5.

LI J, LI H, CHEN J, et al., 2020. Toward precision genome editing in crop plants. Molecular Plant, 13（6）: 3. DOI: 10.1016/j.molp.2020.04.008.

LI J, MANGHWAR H, SUN L, et al., 2019b. Whole genome sequencing reveals rare off-target mutations and considerable inherent genetic or/and somaclonal variations in CRISPR/Cas9-edited cotton plants. Plant Biotechnology Journal, 17（5）: 858–868. DOI: 10.1111/pbi.13020.

LI S, LI J, HE Y, et al., 2019d. Precise gene replacement in rice by RNA transcript–templated homologous recombination. Nature Biotechnology, 37（4）: 445–450. DOI: 10.1038/s41587–019–0065–7.

LI Y, LIN Z, YUE Y, et al., 2021. Loss–of–function alleles of ZmPLD3 cause haploid induction in maize. Nature Plants, 7: 1579–1588. DOI: 10.1038/s41477–021–01037–2.

LI Z, XIONG X, WANG F, et al., 2018b. Gene disruption through base editing–induced mRNA mis–splicing in plants. New Phytologist, 222（2）: 1139–1148. DOI: 10.1111/nph.15647.

LIU J, WANG S, WANG H, et al., 2021. Rapid generation of tomato male-sterile lines with a marker use for hybrid seed production by CRISPR/Cas9 system. Molecular Breeding, 41（3）: 1–25. DOI: 10.1007/s11032–021–01215–2.

MA C, LIU M, LI Q, et al., 2019. Efficient BoPDS gene editing in cabbage by the CRISPR/Cas9 system. Horticultural Plant Journal, 5（4）: 164–169. DOI: 10.1016/j.hpj.2019.04.001.

MALENICA N, DUNIC J A, VUKADINOVIC L, et al., 2021. Genetic approaches to enhance multiple stress tolerance in maize. Genes, 12（11）: 1760. DOI: 10.3390/genes12111760.

MALZAHN A A, XU T, LEE K, et al., 2019. Application of CRISPR–Cas12a temperatures ensitivity for improved genome editing in rice, maize, and Arabidopsis. BMC Biology, 17（1）: 1–9. DOI: 10.1186/s12915–019–0629–5.

MANJIT S，MANISH K，ALBERTSEN M C，et al.，2018. Concurrent modifications in the three homeologs of Ms45 gene with CRISPR–Cas9 lead to rapid generation of male sterile bread wheat（Triticum aestivum L.）. Plant Molecular Biology，97：371–383. DOI：10.1007/s11103–018–0749–2.

MATRES J M，HILSCHER J，DATTA A，et al.，2021. Genome editing in cereal crops：an overview. Transgenic Research，30：461–498. DOI：10.1007/s11248–021–00259–6.

MIKI D，ZHANG W，ZENG W，et al.，2018. CRISPR/Cas9–mediated gene targeting in *Arabidopsis* using sequential transformation. Nature Communications，9（1）：1967. DOI：10.1126/science.1225829.

NEWTON M，TAYLOR B J，DRIESSEN R，et al.，2019. DNA stretching induces Cas9 off–target activity. Nature Structural & Molecular Biology，26（3）：185–192. DOI：10.1038/s41594–019–0188–z.

OKADA A，ARNDELL T，BORISJUK N，et al.，2019. CRISPR/Cas9–mediated knockout of Ms 1 enables the rapid generation of male–sterile hexaploid wheat lines for use in hybrid seed production. Plant Biotechnology Journal，17（10）：1905–1913. DOI：10.1111/pbi.13106.

OLIVA R C，ATIENZA G G，HUGUET J C，et al.，2019. Broad–spectrum resistance to bacterial blight in rice using genome editing. Nature Biotechnology，37（11）：1344–1350. DOI：10.1038/s41587–019–0267–z.

QIN X，LI W，YANG L，et al.，2018. A farnesy l pyrophosphate synthase gene expressed in pollen functions in S–RNase–independent unilateral incompatibility. The Plant Journal，93（12）：4085. DOI：10.1111/tpj.13796.

REN B，LIU L，LI S F，et al.，2019. Cas9–NG greatly expands the targeting scope of the genome–editing toolkit by recognizing NG and other atypical PAMs in Rice. Molecular Plant，12（7）：1015–1026. DOI：10.1016/j.molp.2019.03.010.

SHARIATI S A，DOMINGUEZ A，XIE S，et al.，2019. Reversible disruption of specific transcription factor–DNA interactions using CRISPR/Cas9. Molecular Cell，74（3）：622–633. DOI：10.1016/j.molcel.2019.04.011.

SHAW M W，1977. Confidentiality and privacy：implications for genetic screening. Progress in Clinical and Biological Research，18：305–317.

SHUAI J，YUAN Z，QIANG G，et al.，2019. Cytosine，but not adenine，base editors induce genome–wide off–target mutations in rice. Science, 365 (6448): 7166. DOI: 10.1126/science.aaw7166.

SU H, CHEN Z, DONG Y, et al., 2021. Identification of ZmNF–YC2 and its regulatory network for maize flowering time. Journal of Experimental Botany, 72: 7792–7807. DOI: 10.1093/jxb/erab364.

TANG X, LIU G, ZHOU J, et al., 2018. A large–scale whole–genome sequencing analysis reveals highly specific genome editing by both Cas9 and Cpf1 (Cas12a) nucleases in rice. Genome Biology, 19 (1): 84.DOI: 10.1186/s13059–018–1458–5.

TIAN J G, WANG C L, XIA J L, et al., 2019. Teosinte ligule allele narrows plant architecture and enhances high–density maize yields. Science, 365: 658–664. DOI: 10.1126/science.aax5482.

TIAN J, WANG C, XIA J, et al., 2019. Teosinte ligule allele narrows plant architecture and enhances high–density maize yields. Science, 365: 658–664. DOI: 10.1126/science.aax5482.

TULADHAR R, YEU Y, PIAZZA J T, et al., 2019. CRISPR–Cas9–based mutagenesis frequently provokes on–target mRNA misregulation. Nature Communications, 10 (1): 4056. DOI: 10.1038/s41467–019–12028–5.

ULIANA TRENTIN H, FREI U K, et al., 2020. Breeding maize maternal haploid inducers. Plants, 9 (5): 614. DOI: 10.3390/plants9050614.

WANG B, ZHU L, ZHAO B, et al., 2019a. Development of a haploid–inducer mediated genome editing system for accelerating maize breeding. Molecular Plant, 12 (4): 597–602. DOI: 10.1016/j.molp.2019.03.006.

WANG C, LIU Q, SHEN Y, et al., 2019b. Clonal seeds from hybrid rice by simultaneous genome engineering of meiosis and fertilization genes. Nature Biotechnology, 37 (3): 283–286. DOI: 10.1038/s41587–018–0003–0.

WANG N, GENT J I, DAWE R K, 2021. Haploid induction by a maize cenh3 null mutant. Science Advances, 7 (4): eabe2299. DOI: 10.1126/sciadv.abe2299.

WANG X, ZHONG M, LIU Y, et al., 2020. Rapid and sensitive detection of COVID–19 using CRISPR/Cas12a–based detection with naked eye readout, CRISPR/Cas12a–NER. Science Bulletin, 65 (17): 1436–1439. DOI: 10.1016/

j.scib.2020.04.041.

WU F，QIAO X，ZHAO Y，et al.，2020. Targeted mutagenesis in *Arabidopsis thaliana* using CRISPR–Cas12b/C2c1. Journal of Integrative Plant Biology，62（11）：1653–1658. DOI：10.1111/jipb.12944.

XUE C，ZHANG H，LIN Q，et al.，2018. Manipulating mRNA splicing by base editing in plants. Science China Life Sciences，61（11）：8. DOI：10.1007/s11427–018–9392–7.

YIN J，LIU M，LIU Y，et al.，2019. Optimizing genome editing strategy by primer–extension–mediated sequencing. Cell Discovery，5：18. DOI：10.1038/s41421–019–0088–8.

ZENG D，LIU T，MA X，et al.，2020. Quantitative regulation of Waxy expression by CRISPR/Cas9-based promoter and 5' UTR-intron editing improves grain quality in rice. Plant Biotechnology Journal，18（12）：2385–2387. DOI：10.1111/pbi.13427.

ZHANG D，ZHANG Z，UNVER T，et al.，2021. CRISPR/Cas：A powerful tool for gene function study and crop improvement. Journal of advanced research，29：207–221. DOI：10.1016/j.jare.2020.10.003.

ZHANG T，MUDGETT M，RAMBABU R，et al.，2021. Selective inheritance of target genes from only one parent of sexually reproduced F1 progenyin *Arabidopsis*. Nature Communication，12（1）：3854. DOI：10.1038/s41467–021–24195–5.

ZHANG Y，XIE K，ZHU T，et al.，2020. Molecular regulation of ZmMs7 required for maize male fertility and development of a dominant male–sterility system in multiple species. Proceedings of the National Academy of Sciences of the United States of America，117（38）：23499–23509. DOI：10.1073/pnas.2010255117.

ZHONG Y，LIU C X，QI X L，et al.，2019. Mutation of ZmDMP enhances haploid induction in maize. Nature Plants，5：575–580. DOI：10.1038/s41477–019–0443–7.

ZUO E，SUN Y，WEI W，et al.，2019. Cytosine base editor generates substantial off–target single–nucleotide variants in mouse embryos. Science，364（6437）：289–292. DOI：10.1126/science.aav9973.

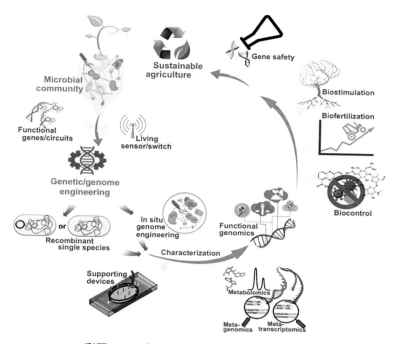

彩图 1-1　合成生物学技术在农业上的应用

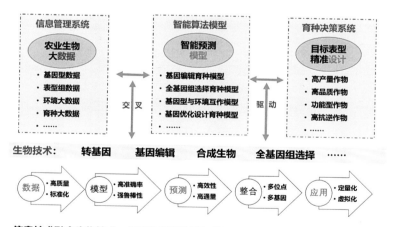

信息技术融合生物技术，构建数据驱动的智能模型，对目标表型进行精准设计

彩图 1-2　智能设计育种框架图

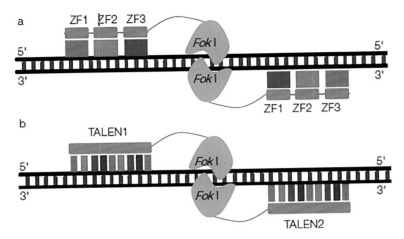

彩图 3-1　ZFN 和 TALENs 技术工作示意图

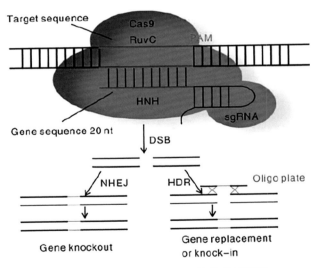

彩图 3-2　CRISPR/Cas 系统技术原理图

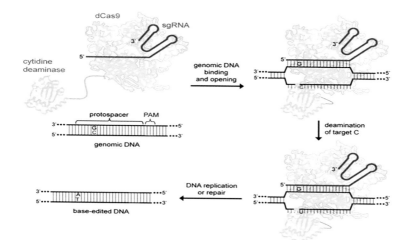

彩图 3-3　单碱基编辑器 CBE 的工作原理图

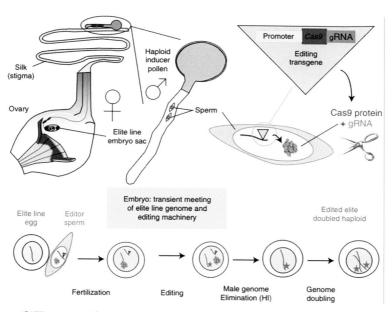

彩图 3-4　玉米 *MATL* 基因诱导的母系单倍体 HI-Edit 过程模型图

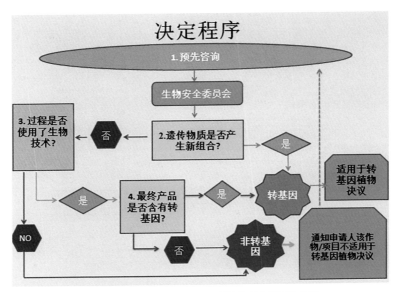

彩图 5-1　阿根廷的基因编辑监管框架模式图